# 前沿科技早知道普及读本

# 未来新能源

周彦威 申雨伶 编著

天津出版传媒集团

天津科学技术出版社

## 图书在版编目(CIP)数据

未来新能源 / 周彦威，申雨伶编著. —— 天津：天
津科学技术出版社，2019.9（2022.1重印）
（前沿科技早知道普及读本）
ISBN 978-7-5576-6899-0

Ⅰ.①未… Ⅱ.①周… ②申… Ⅲ.①新能源—普及
读物 Ⅳ.①TK01-49

中国版本图书馆CIP数据核字（2019）第151180号

未来新能源

WEILAI XINNENGYUAN

（前沿科技早知道普及读本）

（QIANYAN KEJI ZAOZHIDAO PUJI DUBEN）

责任编辑：张 跃

出版： 天津出版传媒集团
天津科学技术出版社

地址：天津市西康路35号

邮编：300051

电话：（022）23332399

网址：www.tjkjcbs.com.cn

发行：新华书店经销

印刷：北京兴星伟业印刷有限公司

开本710×1 000 1/16 印张9 字数150 000

2022年1月第1版第2次印刷

定价：35.00元

# 前 言
## Preface

    人类使用能源的历史，也是一部人类文明的发展史。人类文明的发展，就是建立在人类对物质世界的发现、发明、发掘之上的。

    从人类早期的以木材、秸秆、动物粪便为燃料，到现在以煤炭、石油、天然气等为主要能源，再到以核能、太阳能、风能、地热能、海洋能、氢能等新能源为未来主要发展方向，无不体现了人类文明的发展，是建立在物质世界之上的。

    我们人类赖以生活的这个星球，物华天宝、精彩纷呈，给我们人类的生存、发展，提供了方方面面、形形色色的物质条件，而能源，是大自然给我们准备的最珍贵的宝藏。

    然而，毋庸讳言，人类经济的发展和环境的保护，是一对天然的矛盾，如何在两者之间做出取舍、搞好平衡，成了考验我们人类智慧的一个课题。

    自工业革命以降，能源问题就摆在雄心勃勃、一心谋求发展的人类面前。

    今天，全球经济风驰电掣，能源问题上升为国家战略，各国政府根据经济社会发展需要，制定了以能源供应为核心的能源政策。

    当前，能源的使用、能源推动经济发展和带来环境污染的矛盾，已成为全人类共同关心的问题。然而即便如此，当前的实际状况是世界大部分国家能源供应不足，不能满足经济发展的需要。这一系列问题都使绿色能源和新能源在全球受到关注。从目前世界各国的能源战略来看，大规模开发使用新能源，已成为未来世界各国能源战略的新方向。

    我们人类生活在浩瀚宇宙中同一个地球上，开发利用新能源，缓解使用能源与环境、生态之间的矛盾，已迫在眉睫。新能源如太阳能、地热能、风能、海洋能和核能等，越来越得到人们的重视。

    从经济社会走可持续发展之路以及保护人类赖以生存的地球的生态环境的高度

来看，开发利用新能源具有重大的战略意义。面对当下的能源现状，可以这么说，新能源必须是人类社会未来能源的主流，是大量化石能源的替代品。

实践证明，新能源是清洁干净的能源，对人类的家园——地球的污染很小，是人类生活非常理想、适用的能源。

由于当前人们对新能源的了解还比较肤浅、单一、匮乏，大多数人们对新能源的认识还停留在道听途说、一知半解的水平，这严重制约了新能源知识的普及以及新能源的开发和使用，基于这个现状，我们编撰了这部《未来新能源》一书，以期新能源知识的普及以及加强对新能源的开发和利用。

本书重点讲述了新能源概念的内涵，新能源的现状、分布、开采和前景。

我们编撰此书，力求融知识性、趣味性、实用性于一体，图文并茂，语言通俗、简练，力求把艰深、晦涩的专业知识用深入浅出的语言讲解清楚、明白，使读者一看就懂、一学就会。

当然，限于我们的知识积累和学术水平，缺点和疏漏在所难免，求教于广大专家和读者，以期我们在以后使之更臻完善。

# 目 录
Contents

## 第一章　认识能源

第一节　能源与能量 ……………………………………… 1

第二节　能源的分类 ……………………………… 6

第三节　能源的计量单位 ………………………… 9

第四节　能源在国民经济中的重要战略地位 ………… 10

第五节　常规能源 ……………………………… 11

## 第二章　能源问题

第一节　世界能源所面临的问题 ………………… 21

第二节　能源与环境 ……………………………… 23

第三节　能源的安全问题 ………………………… 29

第四节　能源与可持续发展 ……………………… 31

第五节　我国能源问题 …………………………… 37

## 第三章　认识新能源

第一节　什么是新能源 …………………………… 42

第二节　新能源的主要特征 ……………………… 45

第三节　光热发电成新能源发展"重头戏" ……… 48

## 第四章　当今世界主要新能源

第一节　太阳能 …………………………………………………………… 50

第二节　风能 ……………………………………………………………… 58

第三节　海洋能 …………………………………………………………… 61

第四节　地热能 …………………………………………………………… 64

第五节　氢能 ……………………………………………………………… 75

第六节　可燃冰 …………………………………………………………… 80

第七节　醇醚燃料 ………………………………………………………… 107

## 第五章　新能源的发展前景

第一节　世界各国新能源的发展 ………………………………………… 117

第二节　我国新能源的发展现状 ………………………………………… 127

第三节　我国新能源的发展趋势 ………………………………………… 131

第四节　新能源革命 ……………………………………………………… 133

 第一章 认识能源

## 第一节　能源与能量

能源是人类社会不断向前发展的重要物质基础。人类的进化发展史，是一部不断向自然界索取和利用能源的历史。从18世纪蒸汽机带来的工业革命到19世纪以内燃机驱动的可移动机械技术创新，再到20世纪下半叶新能源和可再生能源的绿色风潮，每一次能源利用方式的转变或能源领域的拓展，都意味着人类文明向新的水平迈进。21世纪的今天，人类更加重视新能源的开发利用，以期改变现今的能源结构所导致的环境污染、资源短缺等问题。

人类文明进化的历史，始终是伴随着能源利用领域的开拓以及能源转换方式的发展而前进的。能源资源是人类活动的物质基础，近代三次石油危机和当前环境污染与全球变暖的严峻现实使它成了人们议论的热点。能源是为人类提供能量的物质或物质运动。特别强调，"能源"并非只是"能源物质"，还包括一切可以提供能量的"物质运动"。

古老的蒸汽火车

## 一、能量与能源

物质、能量和信息是构成客观世界的基础。世界是由物质构成的，没有物质，世界便虚无缥缈。运动是物质存在的形式，是物质固有的属性，能量则是物质运动的度量。由于物质存在各种不同的运动形态，因此，能量也就具有不同形式。

宇宙间一切运动着的物体都有能量的存在和转化。人类一切活动都与能量及其使用紧密相关。所谓能量，说得宽泛一点，就是"产生某种效果（变化）的能力"。反过来说，产生某种效果（变化）的过程必然伴随着能量的消耗或转化。

浩瀚宇宙

物质是某种既定的东西，既不能被创造，也不能被消灭，因此，作为物质属性的能量也一样不能创造和消灭。

对于能量的利用，从实质上讲就是利用自然界的某一自发变化的过程来推动另一人为的过程。例如，水力发电就是利用水会自发地从高处流往低处的这一自发过程，使水的势能转化为动能，再推动水轮机转动，水轮机又带动发电机，通过发电机将机械能转换为电能供人类利用。显然，能量利用的优劣、利用效率的高低与具体过程密切相关。而且利用能量的结果必然和能量系统的始末状态相联系。例如，水力发电系统通过消耗一部分水能来获得电能，系统的始末状态（如水位、流量等）都发生了变化。

水力发电

对能量的分类方法没有统一的标准，到目前为止，人类认识的能量有六种形式。

1. 机械能

机械能是与物体宏观机械运动或空间状态相关的能量，前者称之为动能，后者称之为势能。它们都是人类最早认识的能量形式。

小知识

　　一个物体可以既有动能，又有势能，例如，飞行中的飞机因为它在运动而具有动能，又因为它在高处而具有重力势能，把这两种能量加在一起，就得到它的总机械能。

2. 热能

热能是能量的一种基本形式，所有其他形式的能量都可以完全转换为热能，而且绝大多数的一次能源都是首先经过热能形式而被利用的，因此，热能在能量利用中有重要意义。

3. 电能

电能是和电子流动与积累有关的一种能量，通常是由电池中的化学能转换而来，或是通过发电机由机械能转换得到；反之，电能也可以通过电动机转换为机械能，从而显示出电做功的本领。

4. 辐射能

辐射能是物体以电磁波形式发射的能量。物体会因各种原因发出辐射能,其中,从能量利用的角度而言,因热的原因而发出的辐射能(又称热辐射能)是最有意义的,例如,地球表面所接受的太阳能就是最重要的热辐射能。

5. 化学能

化学能是物质结构能的一种,即原子核外进行化学变化时放出的能量。按化学热力学定义,物质或物质在化学反应过程中以热能形式释放的内能称为化学能。人类利用最普遍的化学能是燃烧碳和氢,而这两种元素正是煤、石油、天然气、薪柴等燃料中最主要的可燃元素。

6. 核能

核能是蕴藏在原子核内部的物质结构能。原子核在一定的条件下可以通过核聚变和核裂变转变为在自然界更稳定的中等质量原子核,同时释放出巨大的能量,这种能量就是核能。

太阳光能

认识了能量,让我们来认识一下能量的来源——能源。从广义上讲,在自然界里有一些自然资源本身就拥有某种形式的能量,它们在一定条件下能够转换成人们所需要的能量形式,这种自然资源显然就是能源,如煤、石油、天然气、太阳能、风能、水能、地热能、核能等。但生产和生活过程中由于需要或为便于运输和使用,常将上述能源经过一定的加工、转换使之成为更符合使用要求的能量来源,如煤气、电力、焦炭、蒸汽、沼气、氢能等,它们也称之为能源,因为它们同样能为人们提供所需的能量。

电能是当今最常见的能源

　　能源是人类活动的物质基础。从某种意义上讲，人类社会的发展离不开优质能源的出现和先进能源技术的使用。在当今世界，能源的发展、能源和环境，是全世界、全人类共同关心的问题，也是我国社会经济发展的重要问题。能源是整个世界发展和经济增长的最基本的驱动力，是人类赖以生存的基础。自工业革命以来，就开始出现能源安全问题。在全球经济高速发展的今天，能源安全问题已经引起世界各国的高度重视，各国都制定了以能源供应安全为核心的能源政策。人类在享受能源带来的经济发展、科技进步等利益的同时，也遇到一系列无法避免的能源安全挑战，如能源短缺、资源争夺和过度使用能源造成的环境污染、全球变暖等问题。

　　那么，究竟什么是"能源"呢？关于能源的定义，目前约有20种。例如，《科学技术百科全书》说："能源是可从其获得热、光和动力之类能量的资源；"《大英百科全书》说："能源是一个包括所有燃料、流水、阳光和风的术语，人类用适当的转换手段便可让它为自己提供所需的能量；"《日本大百科全书》说："在各种生产活动中，我们利用热能、机械能、光能、电能等来做功，可利用来作为这些能量源泉的自然界中的各种载体，称为能源；"我国的《能源百科全书》说："能源是可以直接或经转换提供人类所需的光、热、动力等任一形式能量的载能体资源。"可见，能源是一种呈多种形式的，并且可以相互转换的能量的源泉。确切而简单地说，能源是自然界中能为人类提供某种形式能量的物质资源。

　　能源（也称能量资源或能源资源），是指可产生各种能量（如热量、电能、光能和机械能等）或可做功的物质的统称，是指能够直接取得或者通过加工、转换而取得有用能的各种资源，包括煤炭、原油、天然气、煤层气、水能、核能、风能、

太阳能、地热能、生物质能等一次能源和电力、热力、成品油等二次能源，以及其他新能源和可再生能源。

小知识

能源危机是指因为能源供应短缺或是价格上涨而影响经济。这通常涉及石油、电力或其他自然资源的短缺。能源危机通常会造成经济衰退。

## 第二节　能源的分类

由于能源形式多样，因此，通常有多种不同的分类方法，它们或按能源的来源、形成、使用分类，或从技术、环保角度进行分类。不同的分类方法都是从不同的侧重面来反映各种能源的特征。

1. 按地球上的能量来源，我们可以将能源分为三种

地球上能源的成因有三种。首先是地球本身蕴藏的能源，如核能、地热能等。其次是来自地球外天体的能源，如宇宙射线及太阳能，以及由太阳能引起的水能、风能、波浪能、海洋温差能、生物质能、光合作用、化石燃料（如煤、石油、天然气等，它们是一亿年前由积存下来的有机物质转化而来的）等。第三是地球与其他天体相互作用的能源，如潮汐能。

潮汐能

2．从被开发利用的程度、生产技术水平和经济效果等方面对能源进行分类则可以分为常规能源和新能源

所谓常规能源，是说其开发利用时间长、技术成熟、能大量生产并广泛使用，如煤炭、石油、天然气、薪柴燃料、水能等，常规能源有时又称为传统能源。

新能源，其开发利用较少或正在研究开发之中，如太阳能、地热能、潮汐能、生物质能等，核能通常也被看成新能源，尽管核燃料提供的核能在世界一次能源的消费中已占15%，但从被利用的程度看，还远不能和已有的常规能源比。另外，核能利用的技术非常复杂，可控核聚变反应至今未能实现，这也是将核能仍视为新能源的主要原因之一。不过也有不少学者认为应将核裂变作为常规能源，核聚变作为新能源。新能源有时又称为非常规能源或替代能源。

3．按能源获得的方法可以分为一次能源和二次能源

一次能源，即自然界现实存在，可供直接利用的能源，如煤、石油、天然气、风能、水能等。

风能

而二次能源则是由一次能源直接或间接加工、转换而来的能源，如电、蒸汽、焦炭、煤气、氢等，它们使用方便，易于利用，是高品质的能源。

4．按能源是否具有可再生性可以分为可再生能源和非可再生能源

可再生能源不会随其本身的转化或人类的利用而日益减少，如水能、风能、潮汐能、太阳能等。而非可再生能源则会随人类的利用而越来越少，如石油、煤、天然气、核燃料等。

5. 按能源本身的性质可以分为含能体能源和过程性能源

含能体能源本身就是可提供能量的物质，如石油、煤、天然气、氢等，它们可以直接储存，因此，便于运输和传输，含能体能源又称为载体能源。过程性能源是指由可提供能量的物质的运动所产生的能源，如水能、风能、潮汐能、电能等，其特点是无法直接储存。

6. 按是否能作为燃料可以分成燃料能源和非燃料能源

燃料能源可以作为燃料使用，如各种矿物燃料、生物质燃料以及二次能源中的汽油、柴油、煤气等。非燃料能源是不可作为燃料使用的能源，其含义仅指其不能燃烧，但是它们也能起到燃料的某些作用，如加热。

7. 按对环境的污染情况则可以分为清洁能源和非清洁能源

清洁能源是对环境无污染或污染很小的能源，如太阳能、水能、海洋能等。非清洁能源是对环境污染较大的能源，如煤、石油等。

此外，还有一些有关能源的术语或名词，如商品能源、非商品能源、农村能源、绿色能源、终端能源等。它们也都是从某一方面来反映能源的特征。例如，商品能源是指流通环节大量消费的能源，如煤炭、石油、天然气、电力等。而非商品能源则指不经流通环节而自产自用的能源，如农户自产自用的薪柴、秸秆，牧民自用的牲畜粪便等。

牧民用作燃料的牲畜粪便

## 第三节　能源的计量单位

　　为了更好地阅读能源书籍，这里把一些能源的计量单位列出，便于读者参考。

　　在国际单位制中，能源的单位是焦耳。物体拥有的能源可反映它对外做功的能力。功和能量具有相同的单位。

　　焦耳的定义：1牛顿的力使物体沿力的方向上移动1米距离时做的功。

　　即1焦=1牛·米（1千克力=9.80665牛）

　　功率则是做功快慢程度的度量。它用单位时间内做的功（或消耗的功）来表示，功率的基本单位是瓦特。

　　1瓦=1焦/秒

　　或1焦=1瓦·秒

　　在实际工程中，焦耳作为能量单位显得太小，常用单位是千瓦·时，或度。

　　1千瓦·时=$3.6 \times 10^6$焦=3600千焦

　　热量是能量的一种形式，在国际单位制中，热量也是以焦耳为单位。因为在能量的转换和使用中，焦和瓦的单位都太小，因此，更多地使用千焦（kJ）和千瓦（kW），或兆焦（MJ）和兆瓦（MW）。在能源研究中还会用到更大的单位，如吉瓦（GW）、太瓦（TW）等。

　　由于具体燃料的热值是各不相同的，当统计能源的生产和消费时，特别是在计算能耗指标时，我们定义一种假设的标准燃料（或标准煤），它的热值是$2.9 \times 10^8$焦/千克。

　　西方国家常用"桶"作为石油计量单位。每桶原油约为137千克。平均发热量约为0.2吨标准煤。

　　标准煤，一般指每千克发热$2.9 \times 10^4$焦的煤炭。各种燃料均可按平均发热量折算成标准煤。中国各种燃料折算

石油

成标准煤的比率是：原煤为0.714，石油为1.429，天然气为1.33，生物燃料、柴草约0.6；水电每千瓦电力，一般按当年火力发电的实际耗煤量折算成标准煤。

在工程应用和一些有关能源的文献中，还会见到其他一些单位，如卡、大卡、标准煤当量、标准油当量、百万吨煤当量（Mtce）、百万吨油当量（Mtoe）等。它们与国际单位之间的关系是：1卡=4.186焦；1千克标准煤当量（kgce）=7000千卡；1千克标准油当量（kgoe）=10000千卡。据此就可以对相关数据进行换算。

## 第四节　能源在国民经济中的重要战略地位

能源是人类社会生存的基础，能源的开发和利用不但推动着社会生产力的发展和社会历史的进程，而且与国民经济的发展密切相关。能源在国民经济中具有特别重要的战略地位。

电能是当今最常见的能源

首先，能源是现代生产的动力来源，无论是现代工业还是现代农业都离不开能源。现代化生产是建立在机械化、电气化和自动化基础上的高效生产，在所有生产过程进行的同时总伴随着能源的消费。

其次，能源提供了珍贵的化工原料。以石油为例，除了能提炼出汽油、柴油和润滑油等石油产品外，对它们进一步加工可取得五千多种有机合成原料。这些原料经过加工，便可得到塑料、合成纤维、化肥、染料、医药、农药和香料等多种工业制品。此外，煤炭、天然气等也是重要的化工原料。

综上所述，一个国家的国民经济发展与能源开发和利用紧密联系，没有能源就不可能有国民经济的发展。世界各国的经济发展实践证明，在经济正常发展的情况下，每个国家能源消费总量及增长速度与其国民经济总产值及增长速度成正比例关系。

此外，能源的人均消耗量的多少也反映出人民生活水平的高低。在人民的生活中，不仅衣、食、住、行需要能源，而且文教卫生、各种文化娱乐活动等都离不开能源。随着人民生活水平的不断提高，所需的能源数量、形式越来越多，质量越来越高。一般而言，从一个国家的能源消耗状况可以看出一个国家人民的生活水平。例如：生活富裕的北美地区的年人均能耗比贫穷的南亚地区要高出55倍。

**小知识**

国民经济是指一个现代国家范围内各社会生产部门、流通部门和其他经济部门所构成的互相联系的总体。工业、农业、建筑业、运输业、邮电业、商业、对外贸易、服务业、城市公用事业等，都是国民经济的组成部分。

## 第五节 常规能源

常规能源又称传统能源。已经大规模开采和广泛利用的煤炭、石油、天然气、水能等能源属于常规能源。商品能源是作为商品经流通环节大量消费的能源。目前，商品能源主要有煤炭、石油、天然气、水电和核电5种。非商品能源主要指枯柴、秸秆等农业废料、人畜粪便等可就地利用的能源。非商品能源在发展中国家农村地区的能源供应中占有很大比重。

### 一、煤炭

科学家早就发现，煤是由植物形成的。可人们无法把绿油油的树枝、棕褐色的树干和黑色的像石头一样硬邦邦的煤联系在一起。

我们知道，绿色植物的叶子中含有叶绿素，它可通过叶片上的气孔从空气当中吸收二氧化碳，和太阳的辐射能相作用，将太阳能转变为生物能并放出氧气。我们把这个过程就叫作"光合作用"。

煤炭

植物最容易在多水的低洼地区、沼泽地带生长。这里水量充足，营养丰富，能够成为大量植物聚居繁殖的地方。

死亡了的浮游生物和沼泽植物的遗体不断堆积在湖泽里，使水面越来越浅，养料越来越丰富。大的植物也得以生长发育，从而使沼泽地带最后出现了茂盛的森林。森林一批批生长，又一批批死亡，周而复始。死亡了的植物遗体在沼泽里愈积愈多，而且会慢慢沉入水底。沉入水底的植物遗体，由于避开了和氧的接触，因而不会腐烂。在一种叫做"厌氧菌"的微生物的作用下，它们发生了分解和变质。氢、氧、氮等元素的含量逐渐减少，碳元素的含量相对地增加。最后，植物遗体变为一种黑褐色或褐色的淤泥状物质——泥炭。

泥炭可作为燃料，发热量在2000~3000千卡，也可作为肥料和化工原料。但泥炭不是真正的煤，只是煤的前身。由植物遗体变化到泥炭，地质学上叫作"泥炭化阶段"。泥炭化阶段是大自然造煤过程的第一步。这一过程需要千百万年的时间。

如果地壳是静止的，越积越多的植物遗体很快就会把沼泽填满，最后使之干涸。露在空气中的植物遗体被喜氧细菌分解，泥炭作用就会停止。然而，地壳是运

动的，有时缓慢，有时剧烈，有时上升，有时下降。地壳上升时，沼泽变平地，泥炭化过程会停止。地壳下降速度若比泥炭层"成长"的速度快，沼泽就会变成湖海，泥炭作用也不会进行。只有地壳下降的速度正好和泥炭层"成长"速度一致，植物才能持续地生长死亡，泥炭化过程才能持续不断地进行，而泥炭层才能不断地形成和加厚。

所以，光有沼泽地形和大量生长的植物这两个条件还是不够的。适当的有节奏的地壳运动也是大自然造煤的一个必要条件。

造煤的条件这样苛刻，这就不难知道，古代的植物能够变成为煤而保存到今天的，其实只是极小极小的一部分而已。

地壳升升降降，大水进进退退，会在地壳中形成很多层厚薄不一的泥炭层。地壳的下降，使泥炭层被慢慢地挤到地下。这里，一方面微生物越来越少，作用越来越弱；另一方面，厚厚的地层对地下的泥炭施加了强大的压力。而且，温度随被埋的深度而逐渐升高。这样，被埋在地下的泥炭就发生了新的变化。它变得越来越致密结实，体积被压缩到只有原来的1/5~1/10，同时放出大量的水分和挥发物，碳的含量相对地增加。泥炭终于变成了煤，这种煤叫作褐煤。

将泥炭变成为褐煤的作用，我们把它叫作"岩化作用"。这需要数百万年才能完成。

沼泽森林

地球表面的温度随着外界的变化而变化，随着到达一定的深部，温度变化越来越小，一般说来，深度每增加100米，地下温度平均升高约3℃，到达地下25千米之后，深度增加100米，气温升高仅0.8℃。

埋藏在地下深处的褐煤，依然受着高温高压的影响，变化过程仍在继续进行。褐煤会不断地失去水分和挥发成分，进一步增加碳的含量，以致变成为烟煤。

褐煤成为烟煤后，变化过程也没有中止。高温高压使烟煤里的水分和挥发成分继续减少，碳的含量继续增加，最后变成无烟煤。

由褐煤、烟煤到无烟煤。最明显的是煤里面的碳元素含量的增加。因而这种作用又叫作"碳化作用"或者"变质作用"。

"变质作用"的过程，实际上是一个逐渐失去水分和不断增加含碳量的过程。变质程度越深的煤，含碳量越高，含碳量越高，表示越成熟。所以，在煤炭世界中，最成熟的是无烟煤，烟煤次之，褐煤最差。

虽说煤像黑石头，但真正像石头那样致密的只是无烟煤。褐煤身上往往有不少裂缝，显得很疏松。烟煤既不像褐煤那样疏松，也不像无烟煤那么结实。

褐煤多呈褐色，其名称即由此而来，有些褐煤是黑褐色或黑色的，有些则带有淡黄的颜色。褐煤的光泽一般较暗淡。烟煤大多数呈黑色、暗黑色或亮黑色，无烟煤一般呈铜灰色，且具有明亮的金属或半金属光泽。

这三种煤都能燃烧，但发热的能力却不一样。如果定义燃烧1千克煤所释放出来的热量叫作煤的燃烧值，使一克水温度升高1℃所需要的热量是1卡路里，则褐煤的燃烧值只有2300~4050千卡，烟煤的燃烧值为5200~7000千卡，无烟煤燃烧值可达6100~7500千卡。

褐煤生性活泼，很容易被火点着，燃烧时冒出浓重的黑烟，但火力不强。烟煤燃烧起来火很旺，烟很浓，火苗呈黄红色，故人们常称之为"红火煤"。无烟煤生性冷静，不易点燃，但一旦烧起来温度高，火力足，冒烟很少。其火焰呈蓝色，故得了个雅号——"蓝火煤"。

无烟煤热值高，是一种很好的工业和民用燃料。无烟煤又可以用来制造煤气、电极、化肥，还可以用来炼铁。

　　褐煤作为燃料价值是不大的,但作为化工用煤却很有用处。它可以用来制造煤气,用来生产有机原料,从而获得各种各样的化工产品。含油率高的褐煤还可以用来炼制液体燃料。

　　烟煤可以说是一个多面手。按照工业上的分类,烟煤可分为8类:贫煤、瘦烟、焦烟、肥煤、气煤、弱粘结煤、不粘结煤和长焰煤。其中,贫煤、气煤、弱粘结煤、不粘结煤和长焰煤等可用来生产煤气;气煤、弱粘结煤、不粘结煤和长焰煤等可用作上等的动力燃料;长焰煤可用来炼制液体燃料;焦煤、肥煤、气煤、瘦煤和弱粘结煤等可用来炼制焦炭,这是烟煤所作出的最可宝贵的一项贡献。

　　煤是火力发电厂的主要燃料。到20世纪80年代中期,我国使用的一次能源中,70%以上是煤。如果没有煤,火车就要停开,工厂就要停工,城市就会陷入一片黑暗……虽然现在在很多领域都开发利用了新能源,但煤在生产生活中的利用仍占很大比例。

火力发电厂

　　煤还是炼铁的主要燃料,冶炼1000千克生铁,要往高炉里装进400~600千克焦炭。而焦炭正是由煤炼成的。焦炭既是炼铁的燃料,又是炼铁的原料——还原剂。要炼出好的钢铁,必须有优质的焦炭。

　　煤还是有机化工原料。1000千克优质炼焦煤,经过高温焦化,可以得到700~800千克焦炭;除此之外。还可得到30~40千克焦油和100多千克的焦炉气。

　　焦油的成分极其复杂,现已分离出了480多种,是珍贵的“化工原料宝库”。用焦油可以制出五彩缤纷的颜料,沁人心脾的香料,神通广大的人造橡胶,品种繁多的人造纤维,还有化肥、农药、溶剂、油漆、糖精、樟脑丸等等。

　　煤其实浑身是宝,就连看似没有用的煤灰、煤渣,也可以制成水泥、砖瓦、砌块等等。

但是煤的污染也是显而易见的，煤炭从开采、洗选、贮运到加工转化利用的各个环节，都会产生废水、废气、废渣的"三废"污染，对人类的生存环境是个极大的挑战。

**小知识**

　　煤炭洗选是利用煤和杂质（矸石）的物理、化学性质的差异，通过物理、化学或微生物分选的方法使煤和杂质有效分离，并加工成质量均匀、用途不同的煤炭产品的一种加工技术。

## 二、石油、天然气

　　古代海洋或大型湖泊里的大量微生物、动植物死亡后，遗体会被埋在泥沙下面，在缺氧的条件下逐渐分解变化。随着地壳的升降运动，它们又被送到海底，被埋在沉积岩层里，承受高压和地热的烘烤，经过漫长的转化，最后形成了石油这种液态的碳氢化合物。

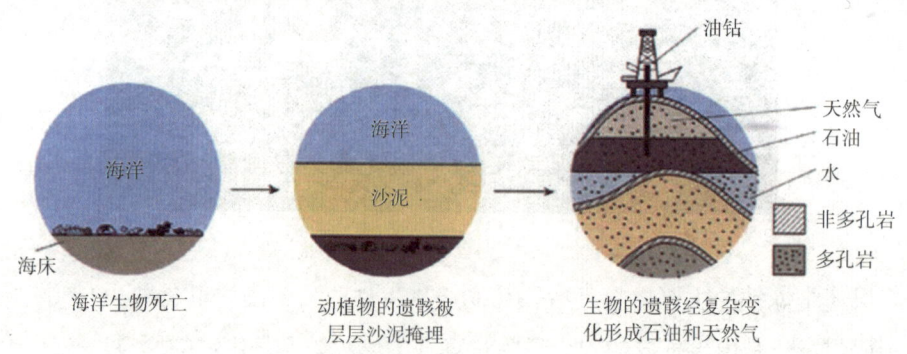

石油、天然气的形成过程

　　石油在地层中一点一滴地生成，并浮游于地层中。由于浮力的关系，油点在每年缓慢地沿着地层或断层向上移动，直到受不透油的封闭地层阻挡而停留下来。当此封闭内的油点越聚越多，便形成了油田。

　　科学家们认为，天然气的形成多数与生物有关，例如礁型的天然气资源。在地质历史中，海洋里生存着大量的生物，它们在生长过程中具有分泌钙质骨骼的能力，在水深、温度、光照和海水含盐度适宜的条件下，这些生物一代又一代地繁殖，便形成了坚固的生物礁。研究得知，钙藻类、海绵、水螅、苔藓虫、层孔虫、珊瑚等等都曾是地质历史中的造礁生物，现代海洋中的生物礁就是由珊瑚和藻类共同形成的。在漫长的地质史中形成的礁体厚度巨大，它们死亡后，被沉积物覆盖并埋藏在地层深处，在长期的地质作用下，逐渐成为天然气形成的物质基础。

天然海绵

根据地质学推论，石油在地球上的历史可追溯到200万到5.2万万年之前，对于这段漫长的时间，最直观的比较就是人类诞生到现在大概只是经历了数百万年。

石油与天然气的成因和形成历史相同，二者可能是同时生成的。它们都是通过钻探到储油层或储气层的井开采出来。往往在一个储层中同时含有石油和天然气，但有时天然气转移到另一个地方就会造成油气"分家"的现象。

石油的广泛应用虽然仅有百余年的历史，但却已极大地改变了人类的生活。

我们生活中每天都离不开汽车、轮船、火车、拖拉机以及推动各种机械工作的发动机，而这些机器一旦离开石油，就得停止工作。在此意义上，石油被人们喻为"工业的血液"。同时，石油又是人类探索未来的动力来源。航天飞机、宇宙飞船，这只有在石油问世以后才成为可能。

石油除了用作能源，还是一种重要的工业原料。石油和天然气的产品乙烯，是合成橡胶、合成纤维和合成塑料等三大合成材料的基本原料。石油和天然气的其他产品，如苯、甲苯和二甲苯既是三大合成材料的重要原料，也是医药、农药和炸药等的重要原料。以石油和天然气为原料的石化工业产品油漆、照相材料、化肥、肥皂、香水以及纸张和容器等数千种，既广泛应用于各工业部门，又深度融入于千家

万户的日常生活。尽管石化工业是第二次世界大战以后才崛起的，但现已成为世界上最大、最重要的工业部门之一。

作为一种能源，石油具有如下特点：

首先表现在燃烧的充分性及高热值。石油的燃烧值在所有的常规能源中最高。通常用的木柴，燃烧值仅为2000~2500千卡/千克，烟煤为5000千卡/千克，焦炭为7000千卡/千克，而石油为10000千卡/千克，汽油为11000千卡/千克，天然气为7000~12000千卡/千克，也就是说，燃烧1千克石油，相当于燃烧4~5千克木柴或2千克烟煤。而且，石油引燃容易，燃烧彻底，燃后几乎无灰烬。

其次，石油比重小，具有流动性。石油的比重相当于煤的50%~60%，加之具有流动性，不仅便于长途运输，更主要的是可以大大简化机器内部的传递程序，便于加工过程中的管道输送，提高机械效能。

最后是石油开采比较容易，成本低廉。石油在地下是承压的液体矿产，通常钻井后即能自动喷出地表，比其他固体矿产的开采简便得多。在产油大国沙特阿拉伯，开采1桶石油所获得的利润比成本高50倍以上。在一些国家，采1000千克油的成本大约只是开采1000千克煤的1/3。

正是由于以上特点，石油一进入人类的生活，很快就压倒其他所有的能源而独占鳌头。

海上石油勘探和开采

### 三、水能

水能利用的主要方式是水力发电。水力发电就是利用河流中蕴藏着的水能来产生电能，其中最常用的方法就是在河流上建筑拦河坝，将分散在河段上的水能资源集中起来，然后靠引水管道引取集中了水能的水流去转动设在厂房中的水轮发电机组，在机组运转的过程中，就将水能转变成了电能。因为利用的是水能，而水流本身并无损耗，仍可以为下游用水部门所利用。

水力发电有以下特点：

第一，水作为一种资源可由自然界水循环中的降水补充，使水能资源成为不会枯竭的再生能源，所以其发电成本非常低。

第二，水力发电事业和其他水利事业可以互相结合。为了使水能产生电能，常常要修建水库，而水库可以提供防洪、供水、发展航运事业等多种用途。

第三，水电站中装设的水轮机开启方便、灵活，适宜作为电力系统中的变动用电器，有利于保证供电质量。

第四，水电站建成后，能够连续提供廉价的电力。

第五，水力发电不污染环境，是一种公认的清洁能源。

水力发电

当然水力发电也有其固有的缺点，在修建大型水库时，常要搬迁相当数量的库区群众，既要增加投资，也要增加一系列的移民安置工作量，这是建设大型水电站特有的问题。但是，它的优点仍然值得人们注意。

正因为水力发电有许多优点，所以优先发展水电是世界各国能源开发中的一条重要途径，只有当水能源开发程度较高时，才能多建火电、核电站。

在水力发电事业发展较快的国家中，法国、意大利的水能开发程度已大于90%；美国、加拿大、日本、挪威的开发程度为40%~60%；俄罗斯、巴西约为15%~20%，我国大约为5%。发达国家的水能资源开发程度平均为40%以上，发展中国家平均为7%。

我国的水力资源利用最主要的代表是三峡水电站。三峡水电站是一座具有防洪、发电、航运、供水等巨大综合利用效益的特大型水利工程。

三峡水电站

在三峡工程众多的综合效益中，最直接、最显著的经济效益是发电，三峡水电站是世界上规模最大的水电站，发电量相当于10座大亚湾核电站或15座120万千瓦的火电站。

三峡电站的强大电力主要供应经济发达、能源缺乏的华中、华东及川东地区，这对于这些地区的经济发展和进一步改善人民的生活无疑有重大的意义。此外，三峡电站用水电代替火电，每年可节省大量的原煤，从而减少许多环境污染。

三峡工程地理位置优越，能够有效地控制上游各支流约30万平方千米范围内暴雨所产生的洪水，这是其他防洪措施难以替代的。

三峡工程可改善长江通航条件，提高运输能力，万吨级船队有半天时间就能够直达重庆，为发展西南地区的经济和繁荣长江航运事业创造了有利条件。三峡工程还有利于沿江城镇的供水，并有灌溉、水产、旅游等效益；还有利于南水北调，缓解北方地区缺水问题。

**小知识**

自然界中的水循环是指水由地球不同的地方通过吸收外界的能量转变存在的模式（固、液、气三态）转移到地球中另一些地方，而地球中的水多数存在于大气层中、地面、地底、湖泊、河流及海洋中。

第二章 **能源问题**

## 第一节　世界能源所面临的问题

　　能源是国民经济的命脉，与人民生活和人类的生存环境休戚相关，在社会可持续发展中起着举足轻重的作用。从20世纪70年代以来，能源就与人口、粮食、环境、资源被列为世界上的五大问题。人们要克服环境恶化的环境下求得发展，并让子孙后代生活得更好，首先就要解决这五大问题，而这其中，能源问题尤其不容忽视。

雾霾已经成为人们最关心的问题之一

　　世界经济的现代化，得益于化石能源，如石油、天然气、煤炭与核裂变能的广泛应用。因而，它是建筑在化石能源基础之上的。然而，化石能源将在21世纪上半叶迅速地接近枯竭，因而会引发一系列的问题。

　　世界性的能源问题主要反映在能源短缺及供需矛盾所造成的能源危机。第一次能源危机是20世纪70年代世界上的一次经济大危机，它使过去20年靠廉价石油发家的西方发达国家受到极大的冲击，严重地影响了那些国家的政治、经济和人民生活。例如，1973年中东战争期间，由于阿拉伯国家的石油禁运，当年美国由于缺少1.16亿吨标准煤的能源，致使生产损失达930亿美元；日本由于缺少0.6亿吨标煤的能源，使生产损失达485亿美元，致使1974年日本国民经济总产值不但没有增长，反而下降了，此前，日本的生产总值每年递增10%。由此可见，20世纪70年代的能源危机，实质上是石油危机。

石油开采

石油燃烧效率高、污染低、便于携带、使用、储存，是多种化工产品的重要原料，特别在交通运输方面又是不可替代的燃料。20世纪50年代以来，长期的低油价更使石油主宰了50年代后的能源市场。

由于政治和经济等多方面原因，20世纪70年代中，石油经过两次提价，廉价石油的时代一去不复返，代之的是日益昂贵的局面。由于石油是一种非再生能源，储量有限。一方面，石油生产国为保持长期油价优势，采取限量生产的政策；另一方面，发达的用油国由于受到石油危机的冲击和价格的压力，采取了多方面的节油政策并研究石油代用技术。与此同时，天然气工业也迅速崛起。尽管在近期内世界上大多数国家还能依靠石油输出国供应石油，并更多地使用天然气，但需求的增加反过来又会刺激油价上涨。因此，从长远的角度看，无论如何，依靠大量采用廉价石油作为主要能源来促进国民经济迅速增长的情况将不会再度出现，而且继续依靠石油来满足不断增长的能源需求的日子也不会持续太长。这正是世界能源所面临的主要问题之一。

世界能源面临的另一问题是，随着经济的发展和生活水平的提高，人们对环境质量的要求也越来越高，相应的环保标准和环保法规也越来越严格。由于能源是环境的主要污染源，因此，为了保护环境，世界各国不得不在能源开发、运输、转换、利

用的各个环节上投入更多的资金和科技力量，从而使能源消费的费用迅速增加。

随着化石燃料资源的消耗，易于探明和开采的燃料，特别是石油和天然气，已逐渐减少。因此，能源资源的勘探、开采也越来越难，投入资金多，建设周期长，科技含量高，既是今后能源开发的特点，也是世界性的能源问题。

天然气开采

**小知识**

近年来，我国经济发展对于天然气需求的增长速度明显超过煤炭和石油。1998年，天然气在能源需求总量中所占比重为2.1%，2010年增加到6%，预计到2020年将进一步增至10%。

## 第二节　能源与环境

人类社会在自身发展的过程中，特别是进入工业化进程以后，一方面，社会经济的发展和人们的生活质量越来越依赖于自然资源；另一方面，社会生产和人们的日常生活也对自然环境造成了一定威胁甚至严重破坏，使人类最基本的生存环境产生危机，社会发展面临无以为继的危险。

这种局面的形成反映了社会经济结构本身的缺陷。很多时候，破坏环境是免费的，城市里有很多烟囱，马路上有很多汽车，但却没有人因为污染了我们每时每

刻都在呼吸的空气而向我们付补偿费；能源本身是廉价的，人们并不在乎有一点浪费。这实际上是一个可持续发展的战略问题。可持续发展涉及社会生活的很多方面，但其核心的内容有两个：一个是能源问题，另一个是环境问题。

环境是人类赖以生存和发展的物质基础。广义地讲，环境既包括自然环境，也包括社会和经济环境。从环境保护的角度而言，环境是指我们生活和开展生产活动的自然环境。环境问题来自两个方面，一是自然力本身引起的环境破坏，如地震、干旱等，这些是原生环境问题，人类还无法控制；而我们通常所说的环境问题是指次生环境问题，即由人类活动引起的环境破坏，包括环境污染和生态破坏两种类型。能源生产和消费的各个环节都会对环境产生影响，是环境污染的重要来源之一。当前，由能源的利用引起的环境污染主要表现在温室效应和气候变化、酸雨、臭氧层破坏、局部生态系统破坏、放射性污染等。

地球大气的主要成分——氮气和氧气是对热辐射透明的双原子气体，二氧化碳（$CO_2$）等分子结构不对称的多原子分子气体则对热辐射具有选择吸收性，可以强烈地吸收地球表面常温物体发射的长波辐射，而对太阳发射的短波热辐射则是透明的。这样，当大气层中的$CO_2$量增加时，会使地球表面向宇宙空间散失的热量减少，引起地球温度升高，即所谓的温室效应。除了$CO_2$以外，能引起温室效应的气体还有甲烷（$CH_4$）一氧化二氮（$N_2O$）等。在20世纪，全球大气中$CO_2$的含量增加了约20%，主要原因就是化石能源的利用和森林面积的减少。

随着气候变暖，北极熊生存空间越来越小

自20世纪60年代以来，温室效应使地球表面的气温升高了约0.6℃，气候的变化对自然生态系统产生了明显的影响，一些极端天气现象出现的频率有所增加，如高温天气、台风、强降雨等。海平面的升高、湖泊水位的下降、很多地区出现的

干旱现象也和全球变暖有关，农业生产的不稳定性增加。因此，不断增长的温室气体排放是十分危险的现象，受到了全世界的广泛重视。为了应对全球气候变暖的威胁，1997年12月，《联合国气候变化框架公约》第三次缔约方大会在日本京都召开，149个国家和地区的代表通过了旨在限制发达国家温室气体排放量以抑制全球变暖的《京都议定书》。《京都议定书》规定，到2010年，所有发达国家$CO_2$等6种温室气体的排放量要比1990年减少5.2%。为此，各主要发达国家在2008~2012年必须完成的削减目标是：与1990年相比，欧盟削减8%、美国削减7%、日本削减6%、加拿大削减6%、东欧各国削减5%~8%，新西兰、俄罗斯和乌克兰可将排放量稳定在1990年水平上。议定书同时允许爱尔兰、澳大利亚和挪威的排放量比1990年分别增加10%、8%和1%。《京都议定书》于2005年2月生效，中国是缔约国之一。

澳大利亚签署《京都议定书》

2015年12月12日，《联合国气候变化框架公约》近200个缔约方在巴黎气候变化大会上达成《巴黎协定》。这是继《京都议定书》后第二份有法律约束力的气候协议，为2020年后全球应对气候变化行动做出了安排。按规定，《巴黎协定》将在至少55个《联合国气候变化框架公约》缔约方（其温室气体排放量占全球总排放量至少约55%）交存批准、接受、核准或加入文书之日后第30天起生效。

《巴黎协定》共29条，当中包括目标、减缓、适应、损失损害、资金、技术、能力建设、透明度、全球盘点等内容。

从环境保护与治理上来看，《巴黎协定》的最大贡献在于明确了全球共同追求的"硬指标"。协定指出，各方将加强对气候变化威胁的全球应对，把全球平均气温较工业化前水平升高控制在2摄氏度之内，并为把升温控制在1.5摄氏度之内努

力。只有全球尽快实现温室气体排放达到峰值，21世纪下半叶实现温室气体净零排放，才能降低气候变化给地球带来的生态风险以及给人类带来的生存危机。

《巴黎协定》获得了所有缔约方的一致认可，充分体现了联合国框架下各方的诉求，是一个非常平衡的协定。协议体现共同但有区别的责任原则，同时根据各自的国情和能力自主行动，采取非侵入、非对抗模式的平价机制，是一份让所有缔约国达成共识且都能参与的协议，有助于国际（双边、多边机制）的合作和全球应对气候变化意识的培养。

欧美等发达国家继续率先减排并开展绝对量化减排，为发展中国家提供资金支持；中印等发展中国家应该根据自身情况提高减排目标，逐步实现绝对减排或者限排目标；最不发达国家和小岛屿发展中国家可编制和通报反映它们特殊情况的关于温室气体排放发展的战略、计划和行动。

2016年9月3日，中国全国人大常委会批准中国加入《巴黎气候变化协定》，成为第23个完成了批准协定的缔约方。11月4日《巴黎协定》正式生效。中国国家主席习近平当日致信联合国前秘书长潘基文，对气候变化《巴黎协定》正式生效表示祝贺。

前联合国秘书长潘基文和各国政要共庆《巴黎协定》正式生效

在能源需求不断增长的情况下，要实现温室气体的减排，采用清洁能源是重要的手段之一。换句话说，温室气体减排的迫切需要，必然促进清洁能源的快速发展。据统计，世界及部分国家和地区的$CO_2$排放数据可以看出，我国的人均$CO_2$排放虽然不高，但单位国内生产总值所产生的$CO_2$量是偏高的。目前，我国的$CO_2$排放总量已经超过美国，居世界第一位。因此，我国的$CO_2$减排工作十分迫切，如果不能主动寻求好的解决方案，必然会影响到经济的发展。

化石燃料，特别是煤炭的燃烧不仅会产生大量的$CO_2$，还会产生大量的二氧化

硫（$SO_2$）和氮氧化物（$NO_x$），大气中的$SO_2$和$NO_x$有90%以上都是化石燃料的燃烧造成的。排放到大气中的$SO_2$和$NO_x$的沉降有干式沉降和湿式沉降两种方式。若$SO_2$和$NO_x$附着在固体颗粒物上，经转化生成硫酸盐和硝酸盐，借重力回落地面、水域，则称为干式沉降，其中细微颗粒可能经呼吸和皮肤进入人体。$SO_2$和$NO_x$的湿式沉降则成为酸雨（酸雾、酸雪）。由于$CO_2$的排放，天然降水的本底pH值为5.65，一般将pH值低于5.6的降雨称为酸雨。按照国家环保总局的统计资料，2005年，我国全国$SO_2$排放总量高达2549万吨，居世界第一位；2006年，全国参加酸雨监测统计的524个城市（县）中，出现至少一次以上酸雨的城市283个（占54.0%），酸雨发生频率在25%以上的城市198个（占37.8%），酸雨发生频率在75%以上的城市87个（占16.6%）。浙江建德市、象山县、湖州市、安吉县、嵊泗县，以及重庆江津市酸雨频率为100%。全国酸雨发生频率在5%以上的区域占国土面积的32.6%，酸雨发生频率在25%以上区域占国土面积的15.4%。2006年，全国$SO_2$排放总量为2588.8万吨。我国酸雨主要分布在长江以南、青藏高原以东的地区和四川盆地，北方也有局部地区降水酸性较强。在华东、华南、华中和西南地区，存在降水酸度强、酸雨频率高的酸雨污染严重的中心区域。近年来，我国燃煤电站烟气脱硫的比例不断上升，但由于燃煤消耗总量的增长、氮氧化物排放的增加，酸雨污染的严重程度、分布格局基本未变，一些重要污染地区的污染程度还略有增加。

酸雨对植物造成的危害

酸雨以不同的方式危害水生生态系统、陆生生态系统、腐蚀材料和影响人体健康，在"1990~1995年联合国系统中期环境方案"被列为"最重大攸关的问题"之一。酸雨是我国现阶段面临的严重环境问题。我国酸雨面积已占国土面积的40%，成

为继欧洲和北美之后的第三大酸雨区。由于酸雨的严重危害，我国的经济建设遭受了很大损失，人民生活也受到了较大影响，自1995年以来，每年由于酸雨造成的经济损失在1100亿元以上。根据2003年的统计数据，我国$SO_2$的排放主要来自于煤炭的燃烧，其中火电厂的排放量占全国工业$SO_2$排放量的46.1%。为了减少$SO_2$的排放，近年来，我国烟气脱硫产业得到了快速的发展，但同时也增加了企业运行的能耗和成本。发展核电、风电和太阳能发电是实现$SO_2$等污染物排放控制的重要途径之一。

大气中的臭氧层（$O_3$）可以吸收太阳辐射中对动植物有害的紫外线的大部分，是地球防止太阳紫外线伤害作用的重要屏障。1984年，英国科学家首次发现了南极上空出现了臭氧空洞。目前，北极也出现了臭氧层减少的现象。造成臭氧层破坏的主要原因是人类过多地使用氟氯烃类物质和燃料燃烧产生的污染物等。

蓝天白云已成为很多地方的奢侈品

我国是发展中国家，很多地区的工业结构中高耗能产业的比重比较大，耗能设备的技术水平较低，随着经济的快速发展，能源消耗也快速增长，环境污染则日趋严重。1998年，国际卫生组织公布的全球10个污染严重的城市中，我国就占了7个。提高能源使用效率、降低污染物排放水平、大力治理传统能源利用所造成的环境污染问题迫在眉睫。与此同时，大力发展清洁能源则是解决能源污染问题的根本途径。

**小知识**

温室气体之所以有温室效应，是由于其本身有吸收红外线的能力。温室气体吸收红外线的能力是由其分子结构本身所决定的。大气层中原来就有的水蒸气、$CO_2$、氮的各种氧化物都是温室气体。

# 第三节　能源的安全问题

　　在全世界以石油作为主要一次能源的情况下，石油作为重要的战略物资，与国家的繁荣与安全紧密联系在一起。由于世界上的石油资源分布存在着严重的不均衡，而且石油是不可再生的资源，数量有限，获得和控制足够的石油资源成为国家能源安全战略的重要目标之一。随着全球经济的不断发展，世界能源需求不断增加而备用能源日益匮乏，能源安全问题也越来越受到世界各国的重视。

石油

　　石油作为一次能源成为许多战争的焦点。一百多年来，多次武装冲突和战争的背后都有石油问题，有的甚至就是因为争夺石油而引发的石油战争。二战以后，美国和苏联两个超级大国为了争夺战略资源，都有占据丰富石油资源的战略意图。苏联的目的是为了扩大中东石油的进口，向中东产油国渗透。美国也针锋相对，扶持沙特阿拉伯等国，遏制苏联的扩张。亚、非、拉等地区的石油争夺，成为美苏抗衡的主要内容。随着科学技术的快速发展，石油的使用大大拓展了战场的攻击和纵深防御。地球上的每个角落都可能遭到战略攻击，战略防御也将发展成为全国乃至全球防御。

　　美国曾是世界上第一大石油消费国和原油进口国，石油需求量的一半以上依靠进口，占世界原油贸易量的近1/3。美国政府为保证国内石油供应，制定了新的能源战略，目标是保证石油供应安全，防止全球油气供应出现混乱和石油价格的大幅度波动。根据世界地域政治的变化，营造有利的石油战略环境，加强国家石油战略储备，实现石油来源的多元化，采用先进技术提高石油采收率和石油利用率。出于对全球石油市场和自身能源安全的担忧，美国政府2001年以来积极主张增加国内能源产量，提高节能效益和燃料热效率，采用新能源和可再生能源，以避免能源结构的单一性，增强能源的安全性。为此，美国政府还要求研究部门集中精力开发高能效的建筑、设备、运输和工业系统，并在可能的情况下用新能源和可再生能源置换传统的能源，以此作为能源保障战略的一个重要方面。

欧盟正在消耗越来越多的能源，欧盟各国对能源的进口依赖程度很高，其能源需求的50%必须依靠进口。在未来的30年中，欧盟能源需求的70%需要进口，而石油的进口可能高达90%。为了居民幸福和经济的正常运行，欧盟的长期能源供应安全战略必须保证从市场上不断地获得石油产品，保证能源系统的战略安全性，在重视环境保护的前提下，保证经济的可持续发展。

欧盟十分重视能源的安全性战略，认为能源供应安全并非是要寻求能源自足最大化或依赖性最小化，而是旨在减少与这种依赖性相关的风险。欧盟追求的目标就是保持各种供应来源的平衡和多样化，其中包括能源的种类和能源所处的地理区域，以确保欧盟在未来的经济发展中有稳定和安全的能源供应。

进入21世纪，解决能源的需求问题显得越来越紧迫。开发和利用清洁、高效、可再生能源，走能源、环境、经济和谐发展的道路，在发展经济的同时，减少能源的消费量，有效地保护生态环境，为自己和子孙后代创造一个能源丰富、环境优美的家园的美好愿望一定能够实现。

发展太阳能是解决能源安全问题的有效途径之一

发展风能是解决能源安全问题的有效途径之一

# 第四节　能源与可持续发展

## 一、可持续发展的概念

值得注意的是，传统工业文明比农耕文明的发展能力强，但持续性差。随着世界人口的增加，经济的飞速发展，能源消费量持续增长，能源给环境带来的污染也日益严重。与此同时，由于人类的活动，地球生态系统也受到破坏，森林锐减、物种毁灭、气候变暖、荒漠扩大、灾害频发。因此，如何使能源和环境协调，使社会可持续发展是摆在全人类面前的共同任务。

土地荒漠化严重威胁国家生态安全

1992年6月，在巴西里约热内卢召开了联合国环境与发展大会，该会议通常也称为地球峰会。地球峰会形成了若干重要的以保护环境为目的的方针性公约，其中包括《联合国气候变化框架公约》、《生物多样性公约》以及《21世纪议程》等。后者第一次正式提出了可持续发展的理念，是一份为实现人类社会的可持续发展而制定的长达294页的行动纲领。现在，可持续发展问题早已成为世界各国政府、学者和公众关注的热点。我国政府对此也非常重视，明确提出了实施可持续发展和科教兴国的两大战略，并于1994年率先制定了《中国21世纪议程——中国21世纪人口、环境与发展白皮书》。

朴素的可持续发展思想渊源已久。在春秋战国时代，中国就有"永续利用"的思想和封山育林、定期开禁的法令。19世纪，西方经济学界提出并分析了可再生资源的"可持续产量问题"。1987年，世界环境与发展委员会在《我们共同的未来》长篇报告上首次采用了"可持续发展"的概念，但迄今为止，还没有统一严格的关于可持续发展的定义。比较通俗的提法是：可持续发展是既满足当代人的需求又不危害后代人满足自身需求能力的发展。这一定义强调了可持续发展的时间维度，而忽视了其空间维度。

良好的生态环境是人类赖以生存和发展的基础

总体来说，可持续发展具有以下内涵：

首先，发展是大前提，即发展是人类永恒的主题。为了实现全球范围的可持续发展，应把发展经济、消除贫困作为首要条件。

其次，协调性是核心。可持续发展是由于人与环境、资源间的矛盾引出的，因此，可持续发展的基本目标是人口、经济、社会、环境、资源的协调发展。

第三，公平性是关键。可持续发展的关键性问题是资源分配和福利分享，它追

求在时间和空间上的公平分配，也就是代际公平和代内不同人群、不同区域和国家之间的公平。

最后，科学技术进步是必要保证。科学技术进步是对人类历史起推动作用的主导力量，是第一生产力。它不但通过不断创造、发明、创新、提供新信息为人类创造财富，而且还为可持续发展的综合决策提供依据和手段，加深人类对自然规律的理解，开拓新的可利用的自然资源领域，提高资源的综合利用效率和经济效益，提供保护自然和生态环境的技术。

"但存方寸地，留与子孙耕。"在经济日益全球化的今天，为了进一步推进可持续发展，并阻止人类生态环境的进一步恶化，2002年8月26日至9月4日，在南非约翰内斯堡举行了联合国可持续发展世界峰会。会议通过的长达54页的《约翰内斯堡实施计划》是以《21世纪议程》和联合国针对可持续发展所开展的其他工作为基础而制定的实施计划。该文件对五个领域：水与卫生设施、能源、卫生保健、农业、生物多样性和生态系统管理制定了实施日程。

但存方寸地　留与子孙耕

### 小知识

可持续发展战略已成为当今一个应用范围非常广的概念，不仅经济、社会、环境等方面运用，而且教育、生活、艺术等方面也经常被运用。

## 二、可持续发展对能源的需求

可持续发展首先是从环境保护的角度来倡导保持人类社会的进步与发展的，它号召人们在增加生产的同时，必须注意生态环境的保护与改善。可持续发展也是一个涉及经济、社会、文化、技术及自然环境的综合概念，主要包括自然资源与生态环境的可持续发展、经济的可持续发展和社会的可持续发展三个方面。

可持续发展一是以自然资源的可持续利用和良好的生态环境为基础，二是以经济可持续发展为前提，三是以谋求社会的全面进步为目标。可持续发展不仅是经济问题，也不仅是社会问题或者生态问题，而且是三者相互影响的综合体。在可持续发展的概念提出来以后，引起了世界各国学者的高度兴趣和重视，使可持续发展的理论在过去的二十年中得到了快速的发展和完善，形成了完整的可持续发展理论体系。

电力输送

可持续发展的理论使人们逐步认识到过去的发展道路是不可持续的，至少是持续不够的，因而是不可取的，世界各国唯一可选择的发展道路是走可持续发展之路。可持续发展的概念提出来以后，得到了全世界不同经济水平和不同文化背景的各国的普遍认同。可持续发展是发展中国家与发达国家都可以争取实现的目标，广大发展中国家积极投身到可持续发展实践中也正是可持续发展理论风靡全球的重要原因。

在经济快速发展的过程中，消耗的能源也随之大幅度增长，同时也加剧了环境的污染，加大了环境保护的压力。能源是人类赖以生存和发展必不可少的物质基础，它在一定程度上制约了人类社会的发展。

如果能源的利用方式不合理，就会破坏环境，甚至威胁到人类自身的生存。可持续发展战略要求建立可持续发展的能源支持系统和不危害环境的能源利用方式。随着世界各国的经济发展和人口增加，人类对能源的需求越来越大。在正常情况下，能源消费量越大，国民生产总值也越高，能源短缺会影响国民经济的发展。

一般说来，能源短缺所引起的国民经济损失约为能源本身价值的20~60倍。因此，不论哪个国家的哪个时期，如果要加快国民经济的发展，就必须保证能源消费量的相应增长，若要经济持续发展，就必须走可持续的能源生产和消费的道路。

在快速增长的经济环境下，能源工业面临经济增长和环境保护的双重压力。经济增长导致了能源消耗量的增加，而在能源的转换与利用过程中，会造成环境污染。

大量的一次能源消耗会造成严重的环境污染

在全世界范围内，目前和21世纪中叶以前，化石燃料仍在一次能源中占有主要的比例。在化石燃料的利用过程中，每年会排放$2 \times 10^{10}$吨的温室气体，使每年大气中$CO_2$和其他温室气体的浓度持续升高。大量的温室气体导致了全球温度的升高，并引起了一系列的环境问题。

目前，发展中国家的能源需求正以每年7%的速度增长，发达国家每年的能源增长速度约为3%。由于发展中国家人口是发达国家人口的三倍以上，因此发展中国家对能源的潜在需求是工业化国家的数倍。

化石燃料是不可再生的能源，为了保证经济可持续发展，在提高化石燃料能源利用率的同时，要大力开发和推广应用新能源和再生能源，以满足人类对能源需求的持续增长。人类只有依靠科技能力、科学精神和理性才能确保全球性、全人类的生存和可持续发展，才能使人口、资源、能源、环境与发展等要素所构成的系统朝着合理的方向变化，从而形成区域的和代际的可持续发展。

### 三、能源可持续发展

要想使全球实现经济可持续发展，就必须建立起一个清洁、高效的可持续能源系统。在这个可持续能源系统中，能源资源具有重要的地位。

**实现能源可持续发展**

可再生能源与化石燃料和核燃料相比，其资源分布更加平均，而且其能源总量是目前所用总能量的三个数量级以上。但可再生能源的经济潜力受到许多因素的制约，包括土地使用的竞争、太阳辐射量和光照时间、环境因素以及风力等。

要实现用能的可持续性，要采用以下措施建立起清洁、高效的可持续能源系统：

首先，要提高能源的利用率。目前，由一次能源向终端能量转换的效率全球平均约1/3，即一次能源中有2/3的能量在转换过程中被浪费了，其中主要为低温热源损失。在终端能量提供服务时，还会产生大量的损失。在未来20年内，为达到较高的能源服务水平，发达国家可以下降25%~35%的能源需求量，如果采用更有效的政策还会减少更多。这些减少主要在居民、工业、交通、公共部门和商业部门的终端能量到能源服务的转换环节中体现。经济转型国家可以实现40%的节能量。在大多数发展中国家，由于其经济高速发展，而设备和技术水平比较落后，与现有的技术水平所实现的能源效率相比，其潜在的节能潜力为30%~45%。由此看来，提高

能源的利用率，可以节约大量的一次能源，由此也提高了能源系统的可持续性。

其次，要大力开发利用可再生能源。可再生能源具有能够在提供能源服务时大气污染和温室气体排放为零或接近为零的特点，因此受到全球的青睐。目前可再生能源占全球一次能源供给总量的14%左右。新能源和可再生能源转换成电能的生产成本与传统的化石能源相比，在目前情况下比较昂贵，难以与传统的化石能源进行商业竞争。可以预见，在未来，多种再生能源的生产成本会随着技术的进步和规模的扩大而大幅度下降，形成与传统化石能源进行商业竞争的实力，从而进入大规模的商业应用。仅光伏发电，就会形成300亿美元的市场容量与化石燃料产生的电能进行商业竞争。因此，大规模的可再生能源进入商业化阶段，必将对能源系统的可持续性起到积极的保障作用。

第三，要采用先进的能源技术。积极研发先进的能源技术，实现化石燃料的利用接近零污染和零温室气体排放目标，同时研发新的能源技术，提高能源的利用率和环境友好性，并着力保持能源的多样性，也会提高能源系统的可持续性。

## 第五节　我国能源问题

能源是国民经济发展的基础，随着经济社会发展水平的不断提高，未来我国经济对能源的依赖度也将不断增加，能源的可持续供应将面临很大的压力。同时，能源结构的优化、能源效率的提高以及如何治理能源消费所引起的环境污染问题都是我国中长期经济发展中面临的重要任务。

我国的能源建设面临的主要问题有：

1. 人均能源占有率低，远低于世界平均水平

我国能源总的产量在世界居前列，但是由于我国人口众多，我国目前人均能源消费量不到国际平均水平的50%，更远低于发达国家和欧洲工业化程度高的国家。随着我国能源生产的增加，人均能源消费量增长得比较快，但和发达国家相比还是比较低。随着我国经济社会发展水平的提高，能源消费的需求将进一步增加。然而，我国常规化石能源的人均占有量低于世界平均水平，优质能源石油和天然气的人均占有量则更低。除煤炭外，石油、天然气都不能满足我国目前和长远发展的需要。因此，随着国民经济的增长，将来的能源供需矛盾将愈发突出。

2. 能源开发利用设备和技术落后，能源利用效率低，浪费严重

目前，我国能源利用效率（单位能源生产的GDP）约为33%，比发达国家低10个百分点；单位产值能耗是世界平均水平的2倍多，比美国、欧盟、日本、印度分别高2.5倍、4.9倍、8.7倍和43%；我国8个行业（石化、电力、钢铁、有色、建材、化工、轻工、纺织）主要产品单位能耗平均比国际先进水平高40%；燃煤工业锅炉平均运行效率比国际先进水平低15%~20%；机动车百公里油耗比欧洲高25%，比日本高20%。我国建筑采暖、空调能耗均高于发达国家，其中单位建筑面积采暖能耗相当于气候条件相近的发达国家的2~3倍。目前我国节能潜力约为3亿吨标准煤。

3. 环境污染严重

我国是世界上能源生产和消费大国，而且我国化石能源的储藏特点决定了我国是世界上少数以煤炭为主要一次能源的国家，煤炭一直占我国一次能源生产和消费总量的70%左右。据专家预测，在未来的30~50年内，煤炭在我国的能源构成中仍然将超过50%。然而，煤炭燃烧过程所排放出的大量$SO_2$、$NO_x$、$CO_2$、粉尘等污染物会使大气受到严重的污染。据世界银行统计资料，我国城市空气污染对人体健康和生产造成的损失估计每年超过1600亿元；酸雨使农作物每年减产损失达400亿元；中国人均$CO_2$排放量已超过世界平均量，总排放量超过美国成为世界第一排放国，减排任务十分艰巨。

我国的环境污染问题日益严重

为了解决这些问题，我国的能源建设应走可持续发展的道路。我国的能源建设发展思路如下：

第一，要坚持节能优先，降低能耗。攻克主要耗能领域的节能关键技术，积极

发展建筑节能技术，大力提高一次能源利用效率和终端用能效率。

第二，推进能源结构多元化，增加能源供应。在提高油气开发利用及水电技术水平的同时，大力发展核能技术，形成核电系统技术自主开发能力。风能、太阳能、生物质能等可再生能源技术取得突破并实现规模化应用。

第三，促进煤炭的清洁高效利用，降低环境污染。大力发展煤炭清洁、高效、安全开发和利用技术，并力争达到国际先进水平。

第四，要加强对能源装备引进技术的消化、吸收和再创新。攻克先进煤电、核电等重大装备制造核心技术。

第五，提高能源区域优化配置的技术能力。重点开发安全可靠的先进电力输配技术，实现大容量、远距离、高效率的电力输配。

我国政府非常重视能源问题。2006年2月，中华人民共和国国务院发布的《国家中长期科学和技术发展规划纲要（2006~2020年）》中将能源列为重点领域及其优先主题中的第一位，并指出，能源在国民经济中具有特别重要的战略地位。《"十一五"能源发展规划》提出，"十一五"时期我国能源建设的总体安排为有序发展煤炭；加快开发石油天然气；在保护环境和做好移民工作的前提下积极开发水电，优化发展火电，推进核电建设；大力发展可再生能源。我国的"十二五"能源规划也突出了六大重点：优化能源结构、调整能源产业布局、推进能源科技创新、完善能源宏观调控体系、深化能源体制改革以及进一步建立能源可持续发展的政策标准体系等。近期的目标是有效缓解能源安全和环保压力，中远期将逐步形成新的能源可持续发展系统，实现能源永续发展。

保护环境　人人有责

我国《能源发展"十三五"规划》提出了2020年能源发展的主要目标：

——是能源消费总量。能源消费总量控制在50亿吨标准煤以内，煤炭消费总量控制在41亿吨以内。全社会用电量预期为6.8~7.2万亿千瓦时。

——能源安全保障。能源自给率保持在80%以上，增强能源安全战略保障能力，提升能源利用效率，提高能源清洁替代水平。

——能源供应能力。保持能源供应稳步增长，国内一次能源生产量约40亿吨标准煤，其中煤炭39亿吨，原油2亿吨，天然气2200亿立方米，非化石能源7.5亿吨标准煤。发电装机20亿千瓦左右。

——能源消费结构。非化石能源消费比重提高到15%以上，天然气消费比重力争达到10%，煤炭消费比重降低到58%以下。发电用煤占煤炭消费比重提高到55%以上。

——能源系统效率。单位国内生产总值能耗比2015年下降15%，煤电平均供电煤耗下降到每千瓦时310克标准煤以下，电网线损率控制在6.5%以内。

——能源环保低碳。单位国内生产总值$CO_2$排放比2015年下降18%。能源行业环保水平显著提高，燃煤电厂污染物排放显著降低，具备改造条件的煤电机组全部实现超低排放。

——能源普遍服务。能源公共服务水平显著提高，实现基本用能服务便利化，城乡居民人均生活用电水平差距显著缩小。

青山绿水同样也是金山银山

而"十三五"时期我国能源建设的主要任务则是：高效智能，着力优化能源系统；节约低碳，推动能源消费革命；多元发展，推动能源供给革命；创新发展，推动能源技术革命；公平效能，推动能源体制革命；互利共赢，加强能源国际合作；惠民利民，实现能源共享发展。届时，将初步构建起我国清洁低碳、安全高效的现代能源体系。

人类已经进入21世纪，化石燃料的大量使用所带来的环境、社会，甚至政治问题已经日益显现，解决能源的需求问题显得越来越紧迫。为此，在节约现有一次能源的同时，有必要开发和利用新能源，寻求一种新的、清洁、安全、可靠的可持续能源系统，走能源、环境、经济和谐发展的道路。

**小知识**

　　"五年计划"，全称为中华人民共和国国民经济和社会发展五年规划纲要，是中国国民经济计划的重要部分，属长期计划。主要是对国家重大建设项目、生产力分布和国民经济重要比例关系等作出规划，为国民经济发展远景规定目标和方向。

# 第三章　认识新能源

## 第一节　什么是新能源

新近才被人类开发利用、有待于进一步研究发展的能量资源称为新能源，相对于常规能源而言，在不同的历史时期和科技水平情况下，新能源有不同的内容。当今社会，新能源通常指核能、太阳能、风能、地热能、氢能等。

新能源是相对于常规能源而言，以采用新技术和新材料而获得的，在新技术基础上系统地开发利用的能源。当前由于新能源的利用技术尚不成熟，故只占世界所需总能量的很小一部分，今后有很大发展前途。

新能源是相对于常规能源而言的一个概念。以采用新技术和新材料而获得的，在新技术基础上系统地开发利用的能源，如太阳能、风能、海洋能等，就称为新能源。与常规能源相比，新能源生产规模较小，使用范围较窄。

美国大量开采油页岩

　　常规能源与新能源的划分是相对的。以核裂变能为例，20世纪50年代初开始把它用来生产电力和作为动力使用时，被认为是一种新能源。到80年代世界上不少国家已把它列为常规能源。太阳能和风能被利用的历史比核裂变能要早许多世纪，由于还需要通过系统研究和开发才能提高利用效率、扩大使用范围，所以还是把它们列入新能源。

　　按1978年12月20日联合国第三十三届大会第148号决议，新能源和可再生能源共包括以下14种能源：太阳能、地热能、风能、潮汐能、海水温差能、波浪能、木柴、木炭、泥炭、生物质转化、畜力、油页岩、焦油砂以及水能。1981年8月10~21日联合国新能源和可再生能源会议之后，各国对这类能源的称谓有所不同，但是共同的认识是，除常规的化石能源和核能之外，其他能源都可称为新能源和可再生能源，主要为太阳能、地热能、风能、海洋能、生物质能、氢能和水能。

　　由于化石能源燃烧时带来严重的环境污染，且其资源有限，所以从人类长远的能源需求看，新能源和可再生能源将是理想的持久能源，新能源已引起人们的广泛关注，许多国家投入了大量研究与开发工作，并列为高新技术的发展范畴。我国是化石能源相对不足的国家，因此能源配置多元化是解决我国能源问题的必由之路，新能源的研究与利用将是多元化中重要途径之一。由不可再生能源逐渐向新能源和可再生能源过渡，是当代能源利用的一个重要特点。

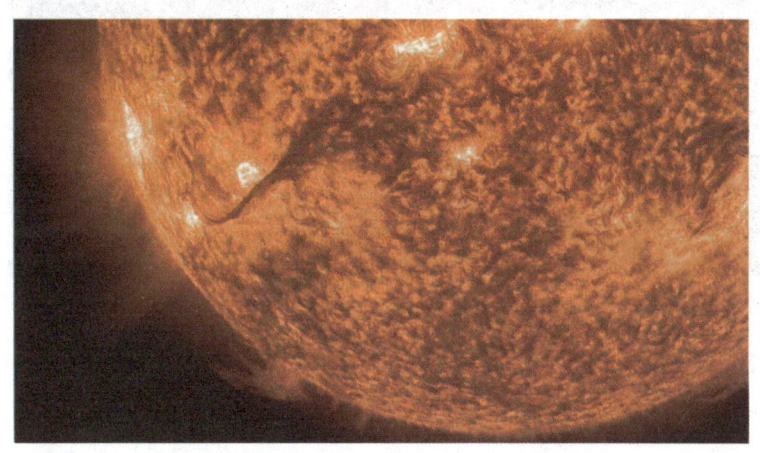

太阳能是人类取之不尽、用之不竭的能源

　　能源是国民经济和社会发展的重要战略物资，但能源活动同样是现实中的重要污染来源。我国是一个人口大国，同时又是一个经济迅速崛起的国家。随着国民经济的日益发展以及加入世贸组织（WTO）目标的实现，作为一个以煤炭为主的能源

消费大国，我国不仅面临着经济增长及环境保护的双重压力，同时能源安全、国际竞争等问题也日益突出。

新能源的各种形式都直接或者间接地来自太阳或地球内部所产生的热能，包括太阳能、风能、生物质能、地热能、核聚变能、水能和海洋能以及由可再生能源衍生出来的生物燃料和氢所产生的能量。也可以说，新能源包括各种可再生能源和核能。相对于传统能源，新能源普遍具有污染少、储量大的特点，对于解决当今世界严重的环境污染问题和资源（特别是化石能源）枯竭问题，具有重要的意义。同时，由于很多新能源分布均匀，对于避免由能源引发的战争，也有着重要的意义。

有关组织断言，石油、煤矿等资源将加速减少，核能、太阳能即将成为主要能源。联合国开发计划署把新能源分为以下三大类：大中型水电；新可再生能源，包括小水电、太阳能、风能、现代生物质能、地热能和海洋能（潮汐能）；传统的生物质能。

我国最早的核电站——秦山核电站

一般来说，常规能源是指技术上比较成熟且已被大规模利用的能源，而新能源通常是指尚未大规模利用、正在积极研究开发的能源。因此，煤、石油、天然气以及大中型水域都被看作常规能源，而把太阳能、风能、现代生物质能、地热能、海洋能、核能和氢能等作为新能源。随着技术的进步和可持续发展观念的树立，过去一直被视做垃圾的工业与生活有机废弃物被重新认识，作为一种能源资源化利用的物质而获得深入的研究和开发利用，因此，废弃物的资源化利用也可以看作新能

源技术的一种形式。当今社会，新能源通常指核能、太阳能、风能、地热能和氢能等。

据估算，每年辐射到地球上的太阳能为17.8万亿千瓦·时，其中可以开发利用的为500亿~1000亿千瓦·时。但因为其分布很分散，目前能利用的甚微。地热能资源指陆地下5000米深度内的岩石和水体的总含热量。其中全球陆地部分3000米深度内、150℃以上的高温地热能资源为140万吨标准煤，目前一些国家已经着手商业开发利用。世界风能的潜力约为3500亿千瓦·时，因为风力断续分散，难以经济地利用，今后输能储能技术如有重大改进，风力利用将会增加。海洋能包括潮汐能、波浪能、海水温差能等，理论储量十分可观。限于技术水平，现尚处于小规模研究阶段。当前，由于新能源的利用技术尚不成熟，所以已开发出的新能源只占世界所需总能量的很小部分，今后有着很大的发展前途。

## 第二节　新能源的主要特征

新能源是指技术上可行，经济上合理，环境和社会可以接受，能确保供应和替代常规化石能源的可持续发展能源体系。自20世纪90年代以来，由能源紧张带来的"新能源"讨论，早已超出了技术范畴，上升为经济命题。

地热能

　　对于"新能源"的定义长期以来存在着误区，人们对于"新能源"的认识有过于狭义化的趋势。所谓"新能源"包涵着狭义和广义的两层定义，关键是对"新"字的界定对象和理解。新能源与传统的"旧"能源利用方式和能源系统相对立，"新"不仅区别于工业化时代以化石燃料为主的传统能源利用形态，而且区别于旧式的只强调转换端效率，不注重能源需求侧的综合利用效率，只强调经济效益，不注重资源、环境代价的传统能源利用理念。

　　目前，对于新能源的狭义化定义，主要是将新能源局限在可再生能源技术之中。客观地说，仅仅谈可再生能源，而不强调"新"与"旧"的本质区别，会束缚人类的创造性和新能源自身的健康发展。严格地讲，可再生能源不是新的能源体系和能源利用形式，在人类进入工业革命以前，是没有大规模利用化石能源的，我们的祖先是从开始利用火之后，数十万年来就在利用自然能（风能、太阳能、水能、地热能）征服和改造世界，是可再生能源一直支撑着人类的文明进程。因此，可再生能源是最古老的能源利用方式。只是今天当人类无法承受化石能源所带来的环境和资源的巨额代价时，才重新赋予可再生能源以"新"的含义。它的新不在于它的形式，而在于它在今天对于环境和资源利用的新的意义。显然，对赋予环境和资源新的意义的能源利用方式，不应该仅仅局限于可再生能源利用。

油田原油输油管道

为了不断满足日益增强的能源需求，工业时代的基本法则是"规模效益"，生产形态同时强调社会分工的细化。在细化分工之后，要想提高能源的转换效率，唯一的方法就是不断扩大生产规模。这种传统的能源生产利用形态，必然导致企业不断扩大能源转换装置的规模，不断大量消耗能流密度高的化石类燃料资源，同时造成污染物的集中排放。在电力方面的主要表现是"大电网、大电厂、超高压"；在热力行业是追求大型热力厂、大型管网系统等。

传统规模化的能源生产利用形态造成了一系列的问题：首先人类面临严峻的化石能源短缺，支撑能源生产规模效益的代价是对高密度化石燃料能源的大规模开采，导致化石类燃料资源日益枯竭，国际石油价格不断升高；然后终端能源利用效率无法提高，转换成本加大，输送能源的电网、热网、铁路、管网等都要加大，中间损失自然会增加；接下来是必须大规模利用资源，一方面造成小规模的资源被忽略或浪费，另一方面被资源的规模所局限，造成利用资源供应瓶颈；最后由于效率无法提高，导致环境污染加剧，特别是集中排放$SO_2$造成酸雨问题和大量排放温室气体导致全球变暖，造成极端气候变化频发，不是酷暑就是严寒，又进一步加大了能源的消耗，使整个能源系统和生态系统同时陷入恶性循环。因此，人类需要在能源问题上寻找到一条新的出路，需要有多种新的能源转换利用形态，建立多个新的能源供应系统，来解决人类文明的可持续发展。这就是广义化的"新能源"。

新的技术必然要替代落后的生产方式，这是不以人们的意志为转移的。蒸汽机动力代替牲畜，内燃机代替蒸汽机，新的能源体系和由新技术支撑的能源利用方式，以及新的能源利用理念最终会代替传统的能源利用方式。所以，新能源的关键是针对传统能源利用方式的先进性和替代性。由此分析，广义化的新能源体系主要包涵以下几个方面：高效利用能源、资源综合利用、可再生能源、替代能源、节能。

**小知识**

中国上古神话中，火的发明者是燧人氏，燧人氏又称"燧人"，他钻木取火，教人熟食，关于他的神话反映了中国原始时代从利用自然火进化到人工取火的情况。

## 第三节　光热发电成新能源发展"重头戏"

在于2017年3月召开的全国政协十二届五次会议期间，全国工商联新能源商会通过全国工商联提交了《关于加快太阳能光热发电产业发展的提案》。这已是该商会连续5年向全国"两会"提交有关太阳能光热发电产业的提案，得到了国家能源局积极回应，对国家政策制定、行业的快速发展起到了重要推动作用。此次提案是在2016年光热发电标杆上网电价和首批示范项目公布以及《太阳能发展"十三五"规划》印发的背景下提出的，目的是为了让国家有关部门了解目前我国太阳能光热发电行业的实际情况，从而推动我国太阳能光热发电健康可持续发展。

从全球太阳能光热发电产业发展情况看，美国、西班牙等已经蓬勃开展，尤其是近几年的装机量快速增长，商业化运营趋于成熟。而我国在众多清洁能源品种中，太阳能光热发电有条件逐步担当基础电力负荷的新能源，成为我国新能源发展的"重头戏"。

太阳能将会成为未来新能源发展的主力军

尽管目前我国太阳能光热发电处在起步阶段，但国家出台标杆上网电价等政策给予支持，说明"国家十分重视太阳能光热发电产业的发展。"全国工商联新能源

商会副秘书长、光热发电专委会秘书长周洪山表示，就目前而言，风电、光伏发电等新能源大型电站，附近都需要建设火电用于基础调峰，而太阳能光热发电从产业链来讲，除去前段太阳能聚热环节，后边环节和常规火电是一样的，可以用来作为调峰电源。

同时，与光伏发电、风电等新能源相比，太阳能光热发电具有诸多优点。周洪山表示，太阳能光热发电在一定程度上解决了储能问题，可实现24小时连续发电，避免太阳能光热发电像光伏发电、风电那样出现严重的弃光弃风现象。

在政策利好、行业商会大力推动以及企业积极参与下，我国太阳能光热将迎来大发展。据了解，"十三五"时期，我国太阳能热发电装机规划了500万千瓦，随着示范项目的落地，市场前景可期。

第四章 当今世界主要新能源

## 第一节　太阳能

### 一、我国太阳能资源的地区分布

我国有着丰富的太阳能资源。据估算，我国陆地表面每年接受的太阳辐射能约为$5.0 \times 10^{19}$千焦，各地太阳年辐射总量达335~837千焦/（厘米$^2$·年）。西藏、青海、新疆、内蒙古南部、山西北部、河北、山东、辽宁、吉林西部、云南中部和西南部、广东东南部、福建东南部、海南岛东部和西部等地区，是太阳能年辐射总量十分丰富的地区。尤其是青藏高原地区，那里平均海拔高度在4000米以上，大气层稀薄，透明度好，再加上纬度低，因此，日照时间长，强度高，太阳能年辐射总量最大。例如，被人们称为"日光城"的拉萨市，1961~1970年，近10年间的年平均日照时间为3005.7小时，相对日照68%，年平均晴天为108.5天，阴天为98.8天，太阳总辐射为816千焦/（厘米$^2$·年），比全国其他省区和同纬度的地区都高。全国以四川和贵州两省的太阳年辐射总量最小，其中尤以四川盆地为最，那里雨多、雾多、晴天较少。例如，素有"雾都"之称的成都市，年平均日照时数仅为1152.2小时，相对日照为26%，年平均晴天为24.7天，阴天达244.6天。其他地区的太阳辐射总量居中。

太阳光照是植物生长必不可少的要素

我国太阳能资源分布的主要特点为：太阳能的高值中心和低值中心都处在北纬22°~35° 一带，青藏高原是高值中心，四川盆地是低值中心；太阳年辐射总量，西部地区高于东部地区，而且除西藏和新疆两个自治区外，基本表现为南部低于北部。

在北纬30°~40° 地区，太阳能的分布情况与一般的太阳能随纬度而变化的规律相反，太阳能不是随着纬度的增加而减少，而是随着纬度的增加而增长。

按接受太阳能辐射量的大小，全国大致上可分为5类地区。

一类地区：全年日照时数为3200~3300小时，辐射量在（670~837）×$10^4$千焦/（米$^2$·年），相当于225~285千克标准煤燃烧所发出的热量。主要包括青藏高原、甘肃北部、宁夏北部和新疆南部。这是我国太阳能资源最丰富的地区。特别是西藏，地势高，太阳光的透明度也好，太阳辐射总量最高值达921×$10^4$千焦/（米$^2$·年），其中拉萨是世界著名的阳光城。

青藏高原有着丰富的太阳能资源

二类地区：全国日照时数为3000~3200小时，辐射量在（586~670）×$10^4$千焦/（米$^2$·年），相当于200~225千克标准煤燃烧所发出的热量，主要包括河北西北部、山西北部、内蒙古南部、宁夏南部、甘肃中部、青海东部、西藏东南部和新疆南部，此区为我国太阳能资源较丰富区。

三类地区：全年日照时数为2200~3000小时，辐射量在（502~586）×$10^4$千焦

/（米²·年），相当于170~200千克标准煤燃烧所发出的热量，主要包括山东、河南、河北东南部、山西南部、新疆北部、吉林、辽宁、云南、陕西北部、甘肃东南部、广东南部、福建南部、江苏北部和安徽北部。

四类地区：全年日照时数为1400~2200小时，辐射量在（419~502）×10⁴千焦/（米²·年），相当于140~170千克标准煤燃烧所发出的热量，主要指长江中下游的福建、浙江和广东的部分地区，该地区春夏多阴雨，日照时间少，秋冬季太阳资源还可以。

五类地区：全年日照时数为1000~1400小时，辐射量在（335~419）×10⁴千焦/（米²·年），相当于115~140千克标准煤燃烧所发出的热量，主要包括四川、贵州两省，此区是我国太阳能资源最少的地区。

一、二、三类地区，年日照时数大于2000小时，辐射量高于586千焦/（厘米²·年），是我国太阳能资源丰富或较丰富地区，面积较大，占全国总面积的2/3以上，具有利用太阳能的良好条件。四五类地区虽然太阳能资源条件较差，但仍有一定的利用价值。

## 二、太阳能的定义

太阳能是由太阳内部氢原子发生聚变释放出巨大核能而产生，通过太阳光辐射传播到地球表面的能量。地球上的各种生物大多数以太阳提供的光和热生存，植物通过光合作用释放$O_2$，吸收$CO_2$，并把太阳能转化成化学能，在植物体内贮存下来。煤炭、石油、天然气等化石燃料也是由古代埋在地下的动植物经过漫长的地质年代演变形成的，另外，水能、风能等也应属于太阳能转换的产物。

万物生长靠太阳

## 三、太阳能的特点

太阳能同其他能源一样，具有一定的优点，同时也存在着相应的不足之处。太阳能相比其他能源的主要特点如下。

（一）太阳能的优点

1. 普遍性

太阳光普照大地，没有地域的限制，无论陆地或海洋，无论高山或岛屿，处处皆有，能够直接开发和利用，无须开采和运输。

2. 无害性

太阳能不会污染环境，它是最清洁能源之一，在环境污染越来越严重的今天，这一点是极其宝贵的。

3. 巨大性

每年到达地球表面的太阳辐射能约相当于130万亿吨煤，其总量是现今世界上可以开发的最大能源。

4. 长久性

根据目前太阳产生的核能速率估算，氢的贮量足够维持上百亿年，而地球的寿命约为几十亿年，从这个意义上讲，太阳的能量是用之不竭的。

（二）太阳能的缺点

1. 分散性

到达地球表面的太阳辐射的总量尽管很大，但是能流密度很低，平均说来，北回归线附近，夏季在天气较为晴朗的情况下，正午时太阳辐射的辐照度最大，在垂直于太阳光方向1平方米面积上接收到的太阳能平均有1000瓦左右，若按全年日夜平均，则只有200瓦左右。而在冬季大致只有一半，阴天一般只有1/5左右，这样的能流密度是很低的。因此，在利用太阳能时，想要得到一定的转换功率，往往需要面积相当大的一套收集和转换设备，造价较高。

2. 不稳定性

由于受到昼夜、季节、地理纬度和海拔高度等自然条件的限制以及晴、阴、云、雨等随机因素的影响，所以，到达某一地面的太阳辐照度既是间断的，又是极不稳定的，这给太阳能的大规模运用增加了难度。为了使太阳能成为连续、稳定的能源，从而最终成为能够与常规能源竞争的替代能源，就必须很好地解决蓄能问

题，即把晴朗白天的太阳辐射能尽量贮存起来，以供夜间或阴雨天使用，但目前蓄能也是太阳能利用较为薄弱的环节之一。

3. 效率低和成本高

目前受太阳能利用整体技术水平的影响，太阳能利用还存在着效率偏低，成本高，总体上还不能与常规能源竞争。但有些方面在理论上是可行的，技术上是成熟的。在今后相当一段时间内，太阳能利用的进一步发展，主要依赖于经济条件的好坏。

## 四、太阳能应用技术分类

太阳能一般是指太阳能的辐射能量，人类利用太阳能技术日新月异发展很快，按其能量转化方式主要有光热转换、光电转换、光化学转换、光生物转换。

（一）光热利用

它的基本原理是将太阳能收集起来，通过与物质的相互作用转换成热能加以利用。目前使用量最多的太阳能收集装置主要有平板型集热器、真空管集热器、陶瓷太阳能集热器和聚焦集热器等4种。通常根据所能达到的温度和用途不同，而把太阳能光热利用分为低温利用（<200℃）、中温利用（200~600℃）和高温利用（>800℃）。目前低温利用主要有太阳能热水器、太阳能干燥器、太阳能蒸馏器、太阳房、太阳能温室、太阳能空调制冷系统等，中温利用主要有太阳灶，太阳能热发电聚光集热装置等，高温利用主要有高温太阳炉等。

太阳能热水器是太阳能光热利用的形式之一

（二）光电利用

太阳能光电利用是利用电池组件将太阳能直接转化为电能的装置，太阳能电池组件是利用半导体材料的电子学特性实现P-V转换的固体装置。单一电池是一只硅晶体二极管，根据半导体材料的电子学特性，当太阳光照射到由P型和N型两种不同导电类型的同质半导体材料构成的P-N结上时，在一定的条件下，太阳能辐射被半导体材料吸收，在导带和价带中产生非平衡载流子即电子和质子。由于P-N结垒区存在较强的内建电场，因而能在光照下形成电流密度，短路电流，形成电压。若在内建电场的两侧面引出电极并接上负载，理论上讲由PN结连接电路和负载形成的回路，就有"光生电流"流过，形成单一光伏电池。由于技术和材料原因，单一电池发电量十分有限，使用中的太阳能电池是单一电池经串、并联组成的电池系统，称为电池组件。

太阳能发电系统主要包括太阳能电池组件、控制器、蓄电池、逆变器、用户负载等组成，其中，太阳能电池组件和蓄电池为电源系统，控制器和逆变器为控制保护系统，负载为系统终端。

太阳能发电的使用主要分为几个方面：家庭用小型太阳能电站、大型并网电站、建筑一体化光伏玻璃幕墙、太阳能路灯、风光互补路灯、风光互补供电系统等。

光伏发电是太阳能光电利用的主要形式之一

（三）光化利用

光化转换就是因吸收光辐射导致化学反应而转换为化学能的过程，其基本形式有植物光合作用和利用物质化学变化贮存太阳能的光化反应。这是一种利用太阳能辐射能直接分解水制氢的光—化学转换方式。它包括光合作用、光电化学作用，光敏化学作用及光分解反应。

太阳能化学和生物转化制氢正在成为新的太阳能利用的有效方式，太阳能化学与生物转化制氢主要有3条途径：化学催化转化、模拟酶转化和生物酶转化制氢。

1. 太阳能催化分解水制氢

太阳能光催化分解水制氢（水经化学反应，分解成氢气和氧气），是化学转化太阳能最理想的途径，但也是最具挑战的课题，一旦取得突破，将会改变世界能源格局。2000年以来，科学家开始大力发展可见光区显示性的光催化剂，当可见光照射下的催化剂分解水产生氢的量子效率达到10%时，就具有工业化太阳能制氢的实用价值。

水电解制氢装置

2. 太阳能光催化重整生物质制氢

利用太阳能光催化转化生物质制氢，是高效转化利用的另一条途径，生物质所提供的能量，一直是人类赖以生存的重要能源，仅次于煤炭、石油和天然气，是居

世界能源消费总量第四位的能源。利用太阳能光转化生物质制氢具有重大的科学意义和利用价值。

3. 太阳能光催化转化污染物制氢

利用太阳能转化消除污染物并同时制氢，是一项一举多得的过程，既解决了环境问题，又可制取氢气。在化学和生化工业过程中，排放高浓度污染物质的水，是造成水污染的主要原因。而这些污染物大多是有机物和无机物，含能较高，可通过水重整反应而转化为氢和二氧化碳等无害物质。

4. 太阳能光催化还原二氧化碳燃料

将二氧化碳催化加氢可以转化为有机物，这种技术比较成熟，从太阳能制氢用于二氧化碳的转化是非常有意义的。将太阳能制氢与二氧化碳——成排耦合有重要作用，该技术正在研究中。

（四）光合作用

光合作用即光能合成作用，是植物、藻类和某些细菌在可见光的照射下，经过光反应和暗反应，利用光合色素，将二氧化碳和水转化成有机物，并释放出氧气的生化过程。光合作用是一系列复杂的代谢反应的总和，是生物界赖以生存的基础，也是地球碳氧循环的重要媒介。植物的光合作用是地球上最大规模的太阳能利用，植物是生物链中的生产者，它们能够通过光合作用利用无机物生产有机物并且贮存能量。通过食用植物，食物链的消费者可以吸收到植物所贮存的能量，效率为10%~20%。

植物的光合作用

## 第二节　风能

### 一、我国风能资源的分布

在自然界中，风是一种可再生、无污染而且储量巨大的能源。随着全球气候变暖和能源危机，各国都在加紧对风力资源的开发和利用。目前人类对风能的利用主要分为风能动力和风力发电两种形式，其中又以风力发电为主要形式。

我国幅员辽阔，陆疆总长达2万多千米，还有1.8万多千米的海岸线，边缘海中有岛屿5000多个，风能资源丰富。根据国家气象局的资料，我国离地10米高的风能资源总储量约32.26亿千瓦，其中可开发和利用的陆地上风能储量有2.53亿千瓦，50米高度的风能资源比10米高度多1倍，约为5亿多千瓦。近海可开发和利用的风能储量有7.5亿千瓦。

我国风能资源的分布情况如下：

（一）三北地区（即东北、华北、西北）

三北地区风能资源非常丰富，由于三北地区处于中高纬度的地理位置，风能功率密度在200~300瓦/米$^2$以上，有的可达500瓦/米$^2$以上，如阿拉山口、达坂城、辉腾锡勒、锡林浩特的灰腾梁等，可利用的小时数在5000小时以上，有的可达7000小时以上。风力资源随季节性气候变化而变化。一是冬季（12月至翌年2月），整个亚洲大陆完全受蒙古高压控制，其中心位置在蒙古人民共和国的西北部，从高压中不断有小股冷空气南下，进入我国。同时还有移动性的高压（反气旋）不时地南下。由于欧亚大陆面积广大，北部地区气温又低，是北半球冷高压活动最频繁的地区，而我国地处欧亚大陆东岸，正是冷高压南下必经之路。三北地区是冷空气入侵我国的前沿，一般在冷高压前锋称为冷锋，在冷锋过境时，在冷锋后面200千米附近经常可能形成一次6~10级（10.8~24.4米/秒）大风。对风能资源利用来说，就是一次可以有效利用的高质量大风。二是春季（3~5月），是由冬季到夏季的过渡季节，由于地面温度不断升高，从4月开始，中、高纬度地区的蒙古高压强度已明显的减弱，而这时印度低压（大陆低压）及其向东北伸展的低压槽，已控制了我国的华南地区，与此同时，太平洋副热带高压也由菲律宾向北逐渐侵入我国华南沿海一带，这几个高、低气压系统的强弱、消长对我国风能资源有着重要的作用。春季由于这几种气流频繁交错，形成我国气旋活动最多的季节，特别是我国东北及内蒙古一带气旋活动频繁，造成内蒙古和东北的大风和沙暴天气。同样江南气旋活动也较多，但造成的却是春雨和华南雨季。这也是三北地区大风资源较南方丰富的一个主要的原因。三是夏季（6~8月），东亚地面气压分布开始与冬季完全相反。这时中、高纬度的蒙古高压向北退缩，相反地印度低压继续发展控制了亚洲大陆，是全年最盛的季节。太平洋副热带高压等也时不时地向北扩展和向大陆西伸。可以说东亚大陆夏季的天气气候变化基本上受这两个环流系统的强弱和相互作用所制约。随着太平洋副热带高压的西伸北跳，我国东部地区均可受到它的影响，在此高压的西部为东南气流和西南气流带来了丰富的降水，但由于高、低压间压差小，风速不大，夏季是全国全年风速最小的季节。四是秋季（9~11月），是由夏季到冬季的过渡季节，这时印度低压和太平洋高压开始明显衰退，而中高纬度的蒙古高压又开始活跃起来。由于冬季风来得迅速，且稳定维持。此时，我国东南沿海已逐渐受到蒙古高压边缘的影响，华南沿海由夏季的东南风转为东北风。三北地区秋季已确立了冬季风的形势。各地多为稳定的偏北风，风速开始增大。

地球上有着丰富的风能资源

（二）沿海及其岛屿地区风能资源较为丰富

有效风能密度≥200瓦/米$^2$的等值线平行于海岸线，沿海岛屿的风能密度在300瓦/米$^2$以上，有效风力出现时间百分率达80%~90%，≥8米/秒的风速全年出现时间7000~8000小时，≥6米/秒且<8米/秒的风速也有4000小时左右。沿海风能丰富带，其形成的天气气候背景与三北地区基本相同，所不同的是海洋与大陆由两种截然不同的物质所组成，二者的辐射与热力学过程都存在着明显的差异。大陆气候与海洋气候间的能量交换大不相同。海洋温度变化慢，具有明显的热惰性，大陆温度变化快，具有明显的热敏感性，冬季海洋较大陆温暖，夏季较大陆凉爽，这种海陆温差的影响，在冬季每当冷空气到达海上时风速增大，再加上海洋表面平滑，摩擦力小，一般风速比大陆增大2~4米/秒。

（三）内陆局部风能

在两个风能丰富带之外，内陆风能丰富地区风能功率密度一般在100W/m²以下，可利用小时数3000小时以下。但是在一些地区由于湖泊和特殊地形的影响，风能也较丰富，如鄱阳湖附近较周围地区风能就大，衡山、黄山、太华山等也较平地风能大。但是这些只限于很小范围之内，不像三北地区和沿海及其岛屿两大带那样大的面积，特别是三北地区面积更大。

## 二、风能利用技术（即风力发电技术）

将风能转换为机械功的动力机械，称为风车。广义地说，它是一种以太阳为热源，以大气为工作介质的热能利用发动机。风力发电利用的是自然能源，相对柴油发电要好得多。但是若应急来用的话，还是不如柴油发电机。风力发电可视为备用电源，但是却可以长期利用。

古代风车

风力发电的原理，是利用风力带动风车叶片旋转，再透过增速机将旋转的速度提升，来促使发电机发电。依据目前的风车技术，大约是每秒3米的微风速度（微风的程度），便可以开始发电。风力发电在芬兰、丹麦等国家很流行；我国也在西部地区大力提倡。风力发电系统主要由风轮、齿轮箱、发电机、功率变换器、变压器等部分构成。随着风力发电整体技术的发展，风力发电机由早期的直流发电机、笼型异步发电机等演变为当前的双馈异步发电机和低速直驱永磁同步发电机等。同时风力发电机自身技术水平的提高，又有力地促进了风力发电整体技术的进步。例如，双馈异步发电机及其控制技术的成熟，使变速恒频风力发电得以实现，成为当前风力发电系统的主流。因此，风力发电机与风力发电系统互为因果，相互促进。

近年来风力发电系统的容量不断增大，特别是低速直驱永磁风力发电系统的快速发展，有力地促进了风力发电机的设计、制造、控制以及运行维护水平的提高，各种新型风力发电机不断出现。

# 第三节　海洋能

波涛浩渺的大海里蕴藏着无穷无尽的巨大资源。出现在人们餐桌上的各种美味的鲜鱼，就是海洋给予人类的馈赠之一。我们要保持身体健康，必须摄入蛋白质。海洋里生活的鱼类，可以为我们提供六分之一的动物蛋白。

## 一、海洋是资源宝库

除了鱼类以外，海洋中还有许多矿物。太平洋、印度洋等深海中埋藏着锰、钴、镍等各种矿物以及石油、天然气等化石燃料。

深海里的水压很大，人不能盲目进入，必须携带氧气瓶和抗压装备。近年来还出现了水中机器人，帮助人类探测和开发深海资源。

我们都知道，海水的味道是咸的，那是因为海水里含有许多盐分。海边的盐田可以将海水进行蒸发，加工制成我们烹调所用的食盐。

浩瀚大海蕴藏着丰富的能源

大海不仅能够为人类提供各种资源，还是地球不可缺少的重要组成部分。海洋能够吸收太阳光的热，是最大的太阳热收集器。正因为海洋吸收了太阳放射出来的热量并加以冷却，地球的温度才不会过度升高。

如果把海洋吸收的太阳热都用来发电，能够提供的电量足足是全球人类使用电量的4000倍。但遗憾的是，目前人类的科学技术还无法直接利用海洋所吸收的太阳热。处于不同位置的海水温度也是有区别的，科学家们正在研究如何利用海水的温度差异来发电。

海洋能包括波浪能、潮汐能、海流能、生物能、温差能等各种形式。人类一直在努力研究海洋力量的应用。

江厦潮汐试验电站

潮汐现象是沿海地区的一种自然现象，指海水在天体（主要是月球和太阳）引潮力作用下所产生的周期性运动，习惯上把海面垂直方向涨落称为潮汐，而海水在水平方向的流动称为潮流。我们的祖先为了表示生潮的时刻，把发生在早晨的高潮叫潮，发生在晚上的高潮叫汐。这是潮汐的名称的由来。

## 二、利用潮汐发电

奔涌的波浪中蕴藏着巨大的能量，再强大的大力士也无法阻挡。

能不能把波浪的能量利用起来呢？人们开发出了用海水的能量来发电的方法。

据世界动力组织估计，到2020年，全世界潮汐发电量将达到1000~3000亿千瓦·时。我国在浙江省建造了江厦潮汐电站，总容量达到3900千瓦·时。

世界上最大的潮汐发电站是法国北部英吉利海峡上的朗斯河潮汐电站。在法国和英国之间有一条窄窄的水道，法国布列塔尼地区紧挨着这条海峡。这里的朗斯河口是世界上涨落潮水位差最大的地方。40多年前，法国在这里建立了一个大型潮汐发电站。在朗斯河口修建大坝和一个巨大的水库，当潮水上涨时就会充满整个水

库，落潮的时候再向低处排放，水位落差产生的巨大能量能够推动24个涡轮机，发电规模十分可观。此外，潮水涌入水库时的力量也能推动发电机。

朗斯潮汐电站

三、利用海水的温差发电

海洋表层的水和深海中的水温度是不一样的，温差最高可以达到20℃。利用海水的巨大温度差也能获得能量。海洋表面温度较高的水使氨、氟等物质蒸发，深海中的冷水又使蒸气冷凝为液体，在此过程中产生的压力差能够驱动涡轮机，并带动发电机发电，这种方式叫作“海水温差发电”。海水要有足够大的温差，才能进行温差发电。

在100多年前，法国科学家首先实现了海水温差发电，但用途并不广泛。到了20世纪70年代，由于石油价格暴涨，这种发电方式才得到人们的关注。美国在夏威夷岛附近建立了一个小型的海水温差发电站。此后，日本等其他国家也相继开发出新的温差发电技术。

太平洋、印度洋等靠近赤道的海洋海水很深，上层水温暖，下层水寒冷。这些地方非常适合进行温差发电。

小知识

防潮堤：防止涨潮时的海水溢向陆地的堤坝。防潮堤上设有闸门，可根据需要开关，保护海边的耕地。防潮堤和防波堤的区别在于修建的地点不同，而且防波堤没有闸门。

## 第四节　地热能

### 一、我国地热资源状况

　　地热资源是指能够为人类经济地开发利用的地球内部的热资源，也是一种清洁能源。我国地热资源分布较广，资源也较丰富。地热资源是储藏于地壳内部，集热、矿、水于一体的，能被人类在当前技术经济和地质环境条件下科学经济地开发出来的地下热能量及其伴生的有用成分。历史资料表明，早在一万多年前，美洲的印第安人就利用地热浴疗在战争和避难中受伤的人，而我国温泉浴疗的文字记载也有近两千年的历史。目前，从世界范围来看，人类开发利用地热主要用于发电。除此之外，还直接用于空间采暖、洗浴、医疗、旅游、种植、养殖等产业。目前国内外多从生产技术角度出发，寻求扩大开发利用的途径，而却很少运用循环经济理论，从经济、法规、政策和制度等方面研究地热资源的开发与节约，以及如何变单项供热为产业化经营的问题。

地热能

　　（一）我国地热概述

　　我国是地热资源相对丰富的国家，地热资源总量约占全球的7.9%，可采储量相当于4626.5亿吨标准煤。我国的高温地热资源（热储温度≥150℃）主要分布在藏南、滇西、川西以及台湾省，环太平洋地热带通过我国的台湾省，高温温泉达90处以上；地中海喜马拉雅地热带通过我国西藏南部和云南、四川西部。西藏高温热田主要集中在羊八井裂谷带，其中藏南西部、东部及中部约有108个高温热田，构成中国高温热田最富集的地带；云南是全国发现温泉最多的省，高温热田主要分布在怒江以西的腾冲—瑞丽地区，约20处；川西分布着8个高温地热区，为藏滇高温地热带的一部分。我国主要以中低温地热资源为主，中低温地热资源分布广泛，几乎遍布全国各地，主要分布于松辽平原、黄淮海平原、江汉平原、山东半岛和东南沿海地区，其主要热储层为厚度数百米至数千米第三系砂岩、砂砾岩，温度40~80℃，已发现全国共有地热温泉3000多个，其中高于25℃的约2200个。从温泉出露的情况来看，我国主要有4个水热活动密集带：藏南—川西—滇西水热活动密集带；台湾水热活动密集带；东南沿海地区水热活动密集带；胶东、辽东半岛水热活动密集带。从地质构造上看，我国地热资源主要分布于构造活动带和大型沉积盆地中，主要类型为沉积盆地型和隆起山地型。

地热温泉

（二）我国地热资源开发现状

我国地热资源的利用历史悠久，但真正大规模勘查和开发利用始于20世纪70年

初期，尤其是20世纪90年代以来，在市场经济需求的推动下，地热资源的开发利用得到更加蓬勃的发展。随着社会经济发展、科学技术进步和人们对地热资源认识的提高，出现了地热资源开发利用的热潮，平均每年以12%的速度增长，截至2005年年底，全国每年直接利用的地热提供资源量已达44570万立方米，居世界第一位。我国地热资源开发利用在供暖、供热水、医疗保健、洗浴、娱乐、温室、种植、养殖及工业应用等方面均达到一定规模，其中供热采暖占18.0%，医疗洗浴与娱乐健身占65.2%，种植与养殖占9.1%，其他占7.7%，初步形成了有我国特色的地热产业。但目前我国地热开发利用仍处于初级阶段，地热在能源结构中占的比例还不足0.5%。

地热温室种植香蕉

（三）我国地热资源的特点

从全球构造看，我国中西部的大部分地区处在欧亚板块内部地壳隆起区和地壳沉降区，分别形成板内隆起断裂型及板内沉降盆地型中低温地热资源。滇西、川西及藏南地处欧亚板块和印度洋板块的碰撞边界，对形成板缘岩浆活动型高温地热资源极为有利。在上述大地构造环境下，形成了中西部具有不同温度、矿化度和特殊

化学成分的地热资源。既有高温蒸汽资源及中低温地下热水，又有淡热水、高矿化热卤水及热矿水，为地热资源的综合开发利用提供了资源保证。

## 二、我国地热分布情况及分类

（一）我国地热资源分布

1.中国地热资源的分布概况

我国蕴藏着丰富的地热资源，目前已发现水温在25T以上的热水点（包括温泉、热水孔及矿坑热水）计有2600处以上，分布广泛。我国温泉出露最多的省区是西藏自治区、云南省、台湾省、广东省及福建省，温泉数约占全国温泉总数的1/2以上。其次是辽宁、山东、江西、湖南、湖北、四川等省，每省温泉数都在50处以上。

我国温泉分布明显呈现出藏滇、台湾、东南沿海及滇川4个温泉密集带。在我国广大平原地区即广泛发育的中新生代沉积盆地，地表没有温泉出露，但在地下深处蕴藏着丰富的热水及热卤水资源，已相续由油气井和地热井所揭开。由此可见，我国南方至北方，从长白山到天山，从东南沿海到青藏高原，广泛分布着地热资源，说明我国特有的地质构造、地壳热状况和水文地质条件等，都有利于各种类型地下热水和蒸汽的形成与分布，为我国开发利用地热能资源提供了有利的资源条件。

温泉宾馆

2.中国高温地热能资源的分布

我国高温地热能资源主要分布在西藏、滇西及台湾地区，呈现出两条沿板块边界展布的高温温泉密集带，目前被划为两个地热带——藏滇地热带及台湾地热带。藏滇地热带又称为喜马拉雅地热带。藏滇地热带及台湾地热带分别构成环球地热带——地中海—喜马拉雅缝合线型地热带及西太平洋岛弧型地热亚贷的重要组成部分，是我国开发利用高温地热能资源的远景地区。

藏滇地热带位于印度、欧亚两大板块的边界。著名的雅鲁藏布江深断裂带，为大陆板块碰撞的结合带，也称为地缝合线，在我国境内长达2000km。在该带内，目前西藏已发现水热活动区600余处，其中有350余处已经初步调查。著名的滇西腾冲火山温泉区，位于本带的东南端，这里的水热活动十分强烈，有大量热泉、沸泉和喷气孔等，水温多接近或超过当地沸点。

台湾地热带位于太平洋板块与欧亚板块的边界，为西太平洋岛弧型地热带的一部分。岛上地壳运动活跃，第四纪火山强烈，地震频繁，是我国东南部海岛地热活动最强烈的一个带，水热活动区有100余处，100℃以上的有6处。

3.中国低温地热能资源的分布

中国低温地热能资源广泛分布于板块内部中国大陆地壳隆起区和地壳沉降区。根据地壳隆起区温泉的密集程度，目前可初步划分两个低温地热带，即东南沿海地热带及滇川地热带。

东南沿海地热带位于太平洋板块与欧亚板块交接带以西中国大陆内侧，包括江西东部、湖南南部、福建、广东及海南岛等地。东南沿海地热带是我国低温温泉最为密集的地带，集中分布的温泉就有500余处。温泉水温大部介于40~80℃，也有少量的在80℃以上。

滇川地热带位于印度与欧亚两大板块交接带以东纵贯滇川南北，沿南北构造带展布。分布在该带的温泉共有100余处，南段较密集，温度多在60℃以上，个别达92℃，北段较稀疏，水温多在60℃以下。其他地区，如山东半岛、辽东半岛、河北山地、太行山、秦岭、天山北麓、四川盆地的东南部、柴达木盆地东部等，温泉也较集中，水温大部在60℃以下，少数温泉区水温可达80~90℃。

（二）我国地热资源分类

地热能系指贮存于地球内部的能量，按其属性地热能可分为4种类型。①水热型，即地球浅处（地下100~4500米）所见的热水或水热蒸汽；②地压地热能，即某

些大型沉积盆地（或含油气）盆地深处（3~6千米）存在着高温高压流体，其中含有大量甲烷气体；③干热岩地热能，需要人工注水的办法才能将其热能取出；④岩浆热能，即贮存在高温（700~1200℃）熔融岩体中的巨大热能，但如何开发利用目前仍处于探索阶段。在上述4类地热资源中，只有第一类水热资源在我国已得到很好地开发利用。

西藏拉萨地热资源丰富

中国地热资源按其属性可分为3种类型：①高温（>150℃）对流型地热资源，这类资源主要分布在西藏、腾冲现代火山区及台湾，前二者属地中海地热带中的东延部分，而台湾位居环太平洋地热带中。②中温（90~150℃）、低温（<90℃）对流型地热资源，主要分布在沿海一带如广东、福建、海南等省区；③中低温传导型地热资源，这类资源分布在中新生代大中型沉积盆地如华北、松辽、四川、鄂尔多斯等。这类资源又往往跟油气或其他矿产资源如煤炭等处在同一盆地之中。上述3类地热资源分布在我国不同地区，并与该地区的地质构造背景密切相关。

### 三、地热资源的利用现状

地热能是蕴藏于地球深处的热能。按照现有开发技术的可能性，地热能资源的范围一般指在地壳表层以下5000米以内岩石和地热流体所含的热量。中国是以中低温为主的地热资源大国，全国地热资源潜力接近全球的7.9%。中国地热资源遍布全

国各地。中国地热资源主要分3类：一是高温对流型地热资源，主要分布在滇藏及台湾地区，其中适用于发电的高温地热资源较少，主要分布在藏南、川西、滇西地区，可装机潜力约为600万千瓦；二是中低温对流型地热资源，主要分布在东南沿海地区包括广东、海南、广西，以及江西、湖南和浙江等地；三是中低温传导型地热资源，主要埋藏在华北、松辽、苏北、四川、鄂尔多斯等地的大中型沉积盆地之中。目前，中国经正式勘察并经国土资源主管部门审批的地热田为103处，全国已打成地热井2000多眼。

地热采暖

我国在两千多年前就开始利用地热资源，但真正意义上科学开发利用地热资源是从20世纪70年代开始。经过多年的发展，已经形成以供暖、洗浴等直接利用方式和发电为主的地热资源开发利用格局；另外由于浅层地温能几乎不受资源限制并且技术日趋成熟，因此，近几年利用地源热泵开发浅层地温能进行供暖和制冷在我国各地区发展迅速。我国地热资源的开发利用促进了经济增长，产生了明显的经济、社会和环境效益。

1. 地热直接利用

地热直接利用是指利用中低温地热水进行供暖、洗浴、医疗、旅游、工业烘干和农业养殖等。我国地热直接利用总装机容量达到368.8万千瓦，居世界第一，年

直接利用量128.65亿度，分别比2004年高出20.7%和19.3%，发展速度较快。直接利用量中，地热供暖占18%、医疗洗浴与娱乐占66%、种植与养殖占9%、其他利用方式占7%。

地热供暖。利用传统的化石燃料供暖会产生大量温室气体和其他有害气体，对全球温度和环境造成影响。地热能是无污染的清洁能源，若处理好地热供暖尾水回灌问题，利用地热供暖不会对环境产生任何污染。将地下热水经过一定的处理后送入换热器，加热供暖系统中水流，进而热水通过暖气片和地板对千家万户进行供暖。目前全国地热供暖面积以每年19%的速度增长。其中天津市地热供暖面积较大，约占全国地热供暖总面积的一半。在北京、咸阳、郑州、鞍山、大庆、德州，河北雄县、霸州、固安等地均有较大规模地热供暖工程。

腾冲地热疗养

医疗保健和温泉洗浴。地热流体中含有氟、偏硅酸、偏硼酸以及微量的放射性元素氡等成分，温泉疗养院可以利用地热水进行水疗、气疗和泥疗等，对人体有一定的医疗保健功能。如北京的小汤山利用地下不足100米深处的55~64℃的热矿泉水进行医疗保健。伴随着我国旅游业的兴起，开发商将大量资金投入到温泉度假村等地热旅游项目。如西藏、云南及四川等地的高温温泉和沸泉区拥有缤纷多彩的地热景观，具有很大的旅游开发价值。由于温泉洗浴的医疗价值、旅游价值以及开发地热的高回报率，地热旅游产业持续吸收投资并促进地热资源的大量开发利用。据统计，在我国医疗保健和温泉洗浴每年以10%的速度增长。

农业温室种植及水产养殖。北方冬季气温低，可利用地热水对温室大棚进行供

暖，种植较高档的蔬菜瓜果和花卉等，不但节约常规能源，而且可保证北方地区冬季蔬菜的供应，如北京和天津已经建成2万~3万平方米并拥有自动控制温度和湿度的地热温室。在南方地区主要利用地热能进行育秧，如湖北英山地区，结实率已提高到98.6%。然而我国温室利用地热的发展速度远不如地热洗浴和医疗保健，年增长率仅为3%左右。此外，全国有多处农田利用低温低矿化度地热水灌溉农田。

北京、天津、广东、湖北、福建等地区利用地热水养殖非洲罗非鱼、鳗鱼、甲鱼、青虾、牛蛙等，每年成年鱼繁殖能力比在普通水域养殖的鱼大100多倍。大量的新鲜鱼类等畅销海内外，取得了显著的经济效益并提高了农民收入。

羊八井地热电站

2. 地热发电

1977年，装机容量为1000千瓦的高温地热电站在羊八井试验成功。直到1991年另外8个总装机容量为24180千瓦的发电机组才安装完毕进行发电，但此时的实验机组已经停止发电。在此后的20年间，羊八井地热电站总装机容量没有增加，仍为24180千瓦。羊八井地热电站近年发电量持续大幅上升，2008年发电量已经达到143.6千兆瓦小时，截至2010年4月累计发电量已经达到2400千兆瓦小时。20世纪80年代和90年代，我国先后在西藏那曲、朗久和台湾清水、土场建立了1~3兆瓦的高温地热发电站，但由于设备结垢等问题也都全部停产。

2008年，龙源电力集团在西藏投资建设的羊八井地热发电示范电站第一台1000

千瓦双螺杆膨胀动力机发电机组投运，该技术成熟可靠，前景广阔。2010年3月19日，羊八井地热发电示范电站1000千瓦双螺杆膨胀动力机发电机组二期项目开工建设。新技术的应用预示着我国高温地热发电将进入快速发展时期。

在中低温地热发电方面，我国在20世纪70年代先后建立了7座中低温地热电站，但由于"经济不可行"的错误观念导致在20世纪70年代末期5座电站停产，仅剩广东丰顺和湖南灰汤两座电厂。2008年，由于设备老化和结垢等问题日益严重，仅剩的2座中低温地热电站也被迫停产。两座电站30年的中低温地热发电证明，在特定地区，中低温发电在经济上是可行的，是有发展前景的。

地热谷

3. 浅层地温能的开发利用

浅层地温能指蕴藏在地表以下一定深度（一般小于200米）范围内岩土体、地下水和地表水中在当前技术经济条件下具有开发利用价值的热能，温度一般低于25℃。利用浅部地层进行热能贮存，即冬天利用地下热源向建筑物供热，将建筑物交换后的冷源回灌入地层中，夏季将建筑物交换后的热源又回灌到地层中贮存。目前，我国已经具备了比较完善的开发利用浅层地热能的地源热泵工程技术、设备、监测和控制系统。

据调查成果，全国应用浅层地温能进行供暖和制冷的建筑项目已达2236个，建筑面积近8000万平方米，80%项目集中在我国华北和东北南部地区。北京市采用

浅层地热能供暖面积已经达到1500万平方米，沈阳达到3400万平方米，河北省达到920万平方米，天津、大连、西安等城市和山东、甘肃、江苏、内蒙古、吉林、江西等省区采用浅层地温能为城市建筑供暖的面积近年来迅速增加，浅层地温能以其良好的环境效益和经济效益成为地热开发利用的增长点。

作为一种新的清洁能源，地热正被越来越多的应用。例如，上海世博会的标志性和永久性保留建筑物——世博轴，采用的就是中国目前最大规模应用地源热泵和江水源热泵技术的中央空调。也正是基于此类技术创新，世博轴整体设计还获得了亚洲国际地产投资与开发博览会的"最佳城市综合体奖"。

世博轴

上海世博会以广泛利用新能源、体现环保概念著称，其永久性保留的标志性建筑——世博轴，空调系统采用的就是地热技术，这也是国内首次最大规模地应用地源热泵和江水源热泵技术的中央空调。世博轴的中央空调，从外表看，既没有外机，也没有室外锅炉房，更不像传统中央空调消耗大量的电能和天然气等不可再生能源。与普通空调相比，世博轴可谓最"深藏不露"：南北跨度1045米、东西宽度110米，近25万平方米的半开放式超大空间里看不到任何空调装置，整个中央空调系统的末端出风口与整个建筑融为一体，自然和谐，一切都在地下悄然运转。世博轴是江水源热泵和地源热泵第一次大规模的结合，在世博轴桩基及底板下铺设了700千米长的管道，使地源热泵和江水源热泵两大系统形成了贯穿轴线的"绿色空

调"。每小时有1200吨黄浦江水通过热泵成为空调冷却水，处理后再排回江中，比传统中央空调节能30%以上，每天可省电1万度，可提高制冷效率7%。世博轴的地热技术充分体现了世博会低碳、节能的宗旨。

## 第五节  氢能

氢元素是太阳能的源泉，从宇宙形成之初便已经存在于地球上，但人类为它命名，并成功分离氢元素，距今不过200年。科学家们很快就认识到氢是一种非常重要的元素。可以说，氢的历史也就是现代科学的发展史。

氢已经成为地球的未来能源之一。最早发现氢元素的人是英国科学家亨利·卡文迪许，他在实验中让锌和盐酸起反应，成功制取了氢气。

后来，英国皇家科学院用电火花使氢与氧相结合，得到了水。当时水的成分还不为人所知，卡文迪许把其中的一个成分称为"维持生命的气体"，另一种成分称为"燃烧的气体"。后来，科学家们将"维持生命的气体"正式命名为"氧"，"燃烧的气体"则取名"氢"。氢的英文名称"hydrogen"在希腊语中意为"产生水的物质"。

亨利·卡文迪许

**小知识**

亨利·卡文迪许（1731~1810），英国化学家、物理学家，因发现氢气而闻名于世。他一生从事化学和物理学的各种研究，为后人做出了很多贡献。他还通过实验测算出作用于两个铅球之间的引力的常量，从而验证了牛顿万有引力定律的正确性。

## 一、氢的利用

世界上第一台内燃机是用氢气作燃料的。1806年瑞士科学家里瓦兹设计了使用氢气和氧气的混合物为燃料的内燃发动机，1820年英国人塞西尔制造的用氢气作燃料的内燃机运转成功。但这种内燃机太重了，无法投入实际使用。

大约100年后，氢气为飞艇的制造做出了巨大贡献。飞艇要在天上飞行，必须填充比空气轻的气体。德国人设计的"齐柏林飞艇"使用氢气作为填充气体，成功飞越了大西洋。

齐柏林飞艇

此外，德国、英国的汽车设计实验也使用氢气为燃料，氢气还被用作潜水艇、鱼雷的燃料。

19世纪初，科学家们将煤炭转化为气体，欧洲和美国的家庭以此为燃料，在冬天供暖，还能用于照明。在这种气体里，氢的含量占一半以上。

此后，氢还被用作肥料的原料。将氢和氮混合，就能制成肥料。今天，这项技

术已经十分成熟，能够帮助农作物苗壮成长。可以说，氢和我们的生活息息相关。

飞艇：是一种将氦气、氢气等比空气轻的气体充入鱼形气囊中，产生浮力升空的飞行装置。它与气球最大的区别在于配备了动力装置，能够调整飞行的方向。与飞机的不同之处在于，飞艇即使处于停止状态，也是飘浮在空中的。

氢燃料电池汽车：燃料电池是将氢和氧的混合燃料中的化学能转化为电能的发电装置，科学家们正在研究用这种燃料电池来驱动汽车。准确地说，我们平时常说的氢能汽车应该叫作"氢燃料电池汽车"。

我们在电视上见过混合动力车，它指的是拥有两种以上动力来源的汽车，行驶的时候使用氢燃料电池，减速或停止时使用汽油。这样就能大大节省汽油的用量。在制造出完全意义上的氢能汽车之前，这种混合动力车将会十分普及。

减少汽车上使用的汽油，就能制造出更多其他的化学产品，因此，氢是十分有用的未来能源。世界各国正在以巨大的投入，研究如何有效使用氢能。

**小知识**

　　"格拉夫·齐柏林"号飞艇：建造于20世纪初，名称源于德国飞船设计家斐迪南·冯·齐柏林伯爵。"Graf（格拉夫）"是"伯爵"的意思。1928年9月18日，"格拉夫·齐柏林"号飞艇进行了首次飞行，距离为236.6米。它的体积为105000立方米，是当时规模最大的飞艇，5个由德国著名引擎制造商——迈巴赫引擎制造厂出产的550马力引擎为其提供动力，运载能力为60吨。

## 二、氢气的储存方法

储存氢气最简便的方法是将它制成液体形态，必要时转化为气体使用，为此需要设计出一个专门的装置。但如果把这种装置安装到汽车上，会增加行驶的难度，而且氢气变为液体的过程中会有很大的损耗。

另外一种储存氢气的方法是将氢气与金属相结合，这称为"氢吸附合金"。但这种合金的质量很重，也不适合装在汽车上。没有一种金属轻得可以飞上天。

但是，人类既然能够制造出足球场那么庞大的飞机，总有一天一定也能发明出汽车这样小巧的飞行体。据科学家预测，在100年内会飞的汽车就会问世，到那时

乘坐汽车飞上天就不再是梦想了。

我们每天喝的水是由氧和氢两种元素组成的。给水加热或通电，将氧气电解出来，就能得到氢气。但是，要得到大量的氧气并不容易办到，因为给水加热或通电需要花费很高的费用。当然，我们可以利用太阳能或风力来发电，但同样需要费用投入。

如果能利用原子能来制造氢气，不仅经济节约，而且效率很高。

原子能发电是在规模较小的原子炉内用较低的成本得到巨大的热能，当核裂变产生的热量使水达到沸腾，产生水蒸气时，就可以一边发电一边利用剩余的热能来制造氢气了，这不是一举两得吗？但目前这项技术还处于研究阶段，核电站只能用来发电，还不能制造氢气。

按照目前的技术，如果说把水加热或通电时需要耗费的能量是2的话，产生的氢能仅仅是1，还是"亏本的买卖"。为此，科学家们正在努力研究如何用较少的能量制造较多的氢能。

氢吸附合金指的是随着温度的降低、压力的升高，金属表面能够吸附氢气的合金。当温度升高、压力降低，氢吸附合金又能释放出氢气。它具有吸附氢气时释放热量、放出氢气时吸收热量的性质，所以不仅可以用于氢气的储存和运输，还能用于冷暖空调装置。

电解水制氢装置

原子炉能制造出氢气，但要在高热条件下将水进行分解，温度必须非常高，这就需要建造能抗高温的原子炉。科学家们正在开发一种新型的原子炉——石墨原子炉。

石墨能经受4000℃的高温。这样，我们才能有效地把水进行分解。

但是，石墨是由碳元素组成的，在高温下与空气相遇就会燃烧。要解决这个问题，需要有一种冷却材料，既能抗高温，又能充分冷却石墨。

由于比氢稍重的氦具有不和其他任何元素发生反应的性质，被视为最合适的冷却材料。它既能在高温下保持稳定的状态，又具有良好的冷却作用。但是，氦的价格过高，除了特殊用途以外，一般极少使用。

科学家们正在研究用石墨和氦气的混合物建造能够抵抗900℃以上高温的原子炉，这种原子炉叫作"超高温气体反应堆"。

美国、日本等先进国家已经在开发"超高温气体反应堆"，韩国原子能研究院也正在努力攻克这一科学难题。

一些先进国家已经制造出了氢能汽车并投入使用，但由于氢气来之不易，氢能汽车的价格非常昂贵。韩国也制造了氢能汽车，价格高达10亿韩元（约合人民币587万元），对一般人来说无疑是个奢望。如果我们能够利用原子能制造出大量的氢气，今后就能以比汽油更低的成本驾驶汽车了。不远的将来，以利用原子能技术将水分解制得的氢气为燃料的氢能汽车将越来越多地奔驰在公路上。

试乘氢能燃料电动车

## 第六节  可燃冰

### 一、认识可燃冰

冰是水在摄氏零度（冰点）以下所凝结的透明固体物质。夏天，冰是消暑降温的佳品；冬天，冰则使人感到彻骨的寒冷。我们平时看到的冰，无一例外都是在吸收热量，没有人会相信冰块会燃烧。冰块遇到火，只能融化为水，而绝不会燃烧。那么，世界上有没有能释放热量，能够为人们供暖的冰呢？答案是肯定的。

可燃冰

可燃冰就是能够燃烧、能够供暖的一种特殊的"冰"。可燃冰是一种很特殊的物质，是由天然气与水在高压低温条件下结晶形成的固态笼状化合物。纯净的可燃冰呈白色，形似冰雪，能像固体酒精一样直接点燃，被形象地称为"可燃冰"。

20世纪70年代，美国地质工作者在海洋中钻探时，意外地发现了一种看上去像普通干冰的东西，当它从海底被捞上来后，那些"冰"迅速融化，成为冒着气泡的一摊泥水，而那些气泡却意外地被点着了，这些气泡就是甲烷。这些像干冰一样的灰白色物质就是可燃冰。

可燃冰还有另外几个名字，分别叫天然气水和物、固体瓦斯、笼形包合物，英文为Natural Gas Hydrate，简称Gas Hydrate。可燃冰是一种化学物质，呈现白色固体

结晶，外形像冰，有极强的燃烧力，是一种极具开采潜力的优质能源。

可燃冰的分子结构非常复杂，最常见的是甲烷水合物，就是46个水分子包围了8个甲烷分子，就像一个一个的"笼子"，由若干水分子组成一个笼子，每个笼子里"关"一个气体分子。它最大的特点是可以燃烧。这是由于小"笼子"里含有甲烷分子超过99%，因此遇火即可燃烧。

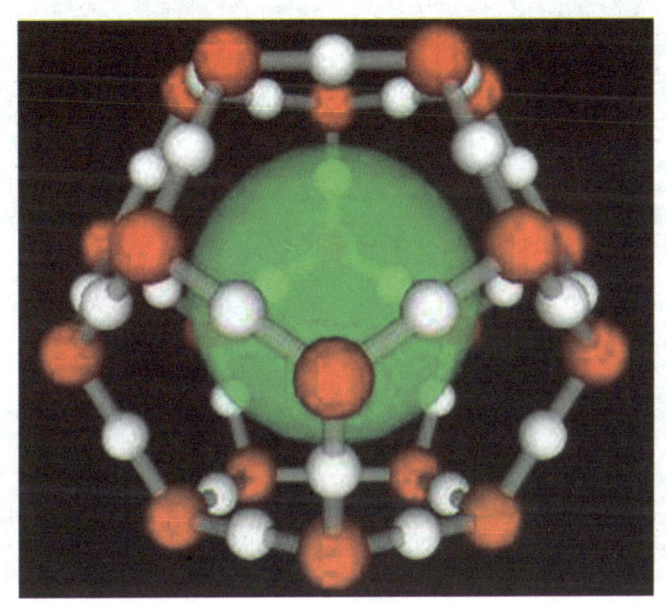

甲烷分子

可燃冰就像一个天然气的压缩包，包含着数量巨大的天然气。据理论计算，1立方米的可燃冰可释放出164立方米的甲烷气和0.8立方米的水。这种固体水合物只能存在于一定的温度和压力条件下，一般它要求温度低于0~10℃，压力高于10兆帕，一旦温度升高或压力降低，甲烷气则会悄悄逸出，固体水合物便趋于崩解，倏然消失。在常温常压下，可燃冰会分解成水与甲烷。因此，也可以将可燃冰看成是高度压缩的固态天然气。

1996年夏天，在北太平洋水域航行的一艘海洋考察船上，德国科学家正在搜寻洋底的神秘晶体——可燃冰。令人惊喜的是，经过连续几天的努力，水下摄像机终于在800米深的、黑黢黢的海底拍摄到了晶莹的亮光。科学家们立即行动，用特殊设备从海底取出了样品。为了验证这块冰晶体是否充满甲烷，一位科学家从这种冰块上取下一小块，迅速用火柴点燃，这块冰雪一样的东西开始燃烧，燃起呈淡红色的火焰，一边燃烧，一边融化，不一会儿，冰块变成了一摊水。可燃冰外貌似冰

雪，却可以燃烧。它遍布全球，但直到20世纪才被科学家们发现影踪。它是上天赐予人类的巨大资源，是地球上尚未开发的储量最大的潜在能源。这个富有诗意、充满神秘的海底矿藏，吸引着全世界的地质学家们到大陆的冻土带，到深海底去寻找它的踪影。

日本是第一个成功从甲烷气水包合物中提取出天然气产品的国家

目前地球上可供人类开采的石油、煤炭等能源正在日益减少，各国纷纷开始寻找新的替代能源，可燃冰受到人们的密切关注。世界上掀起寻觅可燃冰的热潮，一些国家相继把可燃冰作为后续能源进行开发研究，对可燃冰的科学考察取得了可喜成绩。美国、日本等国家先后在海底获得了可燃冰实物样品，而加拿大在冻土带内找到了可燃冰。因此，有专家认为，可燃冰这种新型能源一旦得到开采，将使人类的燃料使用史延长几个世纪。

据粗略估算，在地壳浅部，可燃冰储层中所含的有机碳总量大约是全球石油、天然气和煤等化石燃料含碳量的两倍，海底可燃冰的储量够人类使用1000年。世界上绝大部分的可燃冰都分布在海洋里，据科学家估算，海洋里可燃冰的资源量是陆地上的100倍以上，海底可燃冰分布的范围约占海洋总面积的10%，相当于4000万平方千米，是迄今为止海底最具价值的矿产资源。据最保守的统计，全世界海底可燃冰中储存的甲烷总量约为1.8亿亿立方米，约合1.1万亿吨，如此数量巨大的能源

是人类未来动力的希望，是21世纪具有良好前景的后续能源。

可燃冰具有非常高的使用价值，甚至比石油还高，1平方千米的可燃冰气藏等于164平方千米的常规天然气气藏；它又具有独特的高浓缩气体的能力，也就是说，高浓度气体等于高储量。充填甲烷的可燃冰的能量密度是煤和黑色页岩的10倍左右，因此，是一种罕见的高能量密度的能源。

据专家估算，在全世界的边缘海、深海槽区及大洋盆地中，目前已发现的水深3000米以内沉积物中可燃冰中的甲烷资源量为$2.1 \times 1016$立方米（2.1亿亿立方米）。以上储量的估算尚不包括可燃冰层之下的游离气体，对人类来说，"可燃冰"也许是解决地球上能源不足的希望所在。

可燃冰的储量如此之大，分布范围如此之广，而且清洁高效，是石油、煤、天然气等传统能源所无法比拟的，点燃了人类21世纪能源利用的希望之光，被西方学者称为"21世纪能源"或"未来新能源"。

## 二、可燃冰的性质

在自然界发现的可燃冰多呈白色、淡黄色、琥珀色、暗褐色等轴状、层状、小针状结晶体或分散状。它们可存在于0℃以下，又可存在于0℃以上温度环境。气水合物可以以多种方式存在：它们可以占据大的岩石粒间的孔隙，可以以球粒状散布于细粒岩石中，还能够以固体形式填充在裂缝中，或者大固态水合物伴随少量沉积物。

南海可燃冰有很大的资源潜力

气水合物与冰、含气水合物层与冰层之间有明显的相似性：相同的组合状态的变化——流体转化为固体；均属放热过程，并产生很大的热效应——0℃融冰时需用0.335千焦的热量，0~20℃分解可燃冰时每克水需要0.5~0.6千焦的热量；结冰或形成水合物时水体积均增大——前者增大9%，后者增大26%~32%；水中溶有盐时，两者相平衡温度降低，只有淡水才能转化为冰或水合物；冰与气水合物的密度都不大于水，含水合物层和冻结层密度都小于同类的水层；含冰层与含水合物层的电导率都小于含水层；含冰层和含水合物层弹性波的传播速度均大于含水层。

可燃冰中，水分子（主体分子）形成一种空间点阵结构，气体分子（客体分子）则充填于点阵间的空穴中，气体和水之间没有化学计量关系。形成点阵的水分子之间靠较强的氢键结合，而气体分子和水分子之间的作用力为范德华力。

到目前为止，已经发现的可燃冰的结构有3种，即结构Ⅰ型、结构Ⅱ型和结构H型。结构Ⅰ型气水合物为立方晶体结构，其在自然界分布最为广泛，仅能容纳甲烷、乙烷这两种小分子的烃及N2（氮气）、CO2、H2S（硫化氢气体）等非烃分子；结构Ⅱ型气水合物为菱形晶体结构，除包容C1、C2等小分子外，较大的"笼子"（水合物晶体中水分子间的空穴）还可容纳丙烷及异丁烷等烃类；结构H型气水合物为六方晶体结构，较大的"笼子"甚至可以容纳直径超过异丁烷的分子。结构H型气水合物早期仅存在于实验室，1993年才在墨西哥湾大陆斜坡发现它的天然产物。Ⅱ型和H型水合物比Ⅰ型水合物更稳定。除墨西哥外，在格林大峡谷也发现了Ⅰ、Ⅱ、H型三种气水合物共存的现象。

在一定的温压条件下，即在气水合物稳定带（HSZ）内，气水合物可以稳定存在，如果脱离这种环境气水合物就会分解。气水合物一般随沉积作用的发生而生成，随着沉积的进一步进行，稳定带基底处的气水合物由于等温线的持续变化而分解。孔隙中的水达到饱和后会产生游离气体，向上运动到水合物稳定带并重新生成水合物。但是在离开稳定带后，人们发现可燃冰仍具有相对的稳定性。

**小知识**

格林大峡谷是科罗拉多大峡谷的一部分。科罗拉多大峡谷位于美国西部亚利桑那州西北部的凯巴布高原上，它是联合国教科文组织选为受保护的天然遗产之一，是一处举世闻名的自然奇观。

美国犹他州格林大峡谷

实验过程中发现，在一定晶体中生长的气体水合物，在大气压和0℃以下可以保存好几天。水合物的初始分解导致在水合物样品的表面形成一层脱离的膜，该膜可减缓或能阻止水合物的进一步分解，这一现象被称为气水合物的自保性，加拿大马更歇三角洲Taglu气田的一个钻孔中发现的气水合物证实自然界中气水合物具有自保性。这种水合物如薄冰层，可在大气压条件和冻结温度以下稳定存在4小时。

### 三、可燃冰的分类

可燃冰分为陆上可燃冰气藏与海洋可燃冰气藏两大类。

目前陆地上发现的可燃冰气藏与我们一般见到的气藏能源（就是像天然气之类的气体能源）储存形式相同，都在成岩的层状地层中，因此和常规气层的开采程序是基本相同的。陆上可燃冰气藏与海洋可燃冰气藏相比，气层厚度相对较大，并且均发现在含油气盆地中，气藏是下生上储型，气源是来自下伏地层中的常规气藏的热解气。

目前海洋中发现的可燃冰数量与规模比陆地上的要大得多，主要分布在东、西太平洋边缘、西大西洋边缘，此外，东大西洋边缘和印度洋有小量发现，中、北美洲沿岸发现最多。当然海底可燃冰的数量多少不是由科学家们测量出多少就是多少，因为很有可能还有很多能源宝藏没有被找到。

碳酸盐岩石

海洋可燃冰在上新世地层中发现多。海洋可燃冰充填的天然气大多数来自同层沉积物形成的生物气。海洋可燃冰往往是在新生代成岩欠佳或未成岩的沉积物中，在砂岩和粉砂岩中以很细小的颗粒密密地进入到这些岩石的孔隙中，也有像大树深藏在泥土里的根须一样延展，看见岩石有裂隙就立刻钻进去。

如果在未成岩沉积物中通常呈现出像糯米团状、棉花糖状、海苔状和镜片状沉积物，就说明含气的整体性不好，而在砂岩储集层中含气整体性较好。

2005年4月14日下午，一块貌不惊人的岩石标本由中国地质调查局与德国基尔实验室海洋地质中心捐赠给中国地质博物馆。这是我国国土上首次发现的可燃冰碳酸盐岩石标本，这块呈不规则形状的岩石标本呈白色，表面布有孔洞。

**小知识**

永久冻土层又称永久冻土或多年冻土，是一个地质学的名词，是部分地区持续多年冻结的土石层，一般是指当冻土层处于水的结冰点以下（即0℃）超过两年的状况。

## 四、可燃冰的形成

形成可燃冰的主要气体为甲烷，对甲烷分子含量超过99%的可燃冰通常称为甲烷水合物。

**海底动物残骸**

可燃冰是自然形成的，它们最初来源于海底下的细菌。海底有很多动植物的残骸，这些残骸腐烂时产生细菌，细菌排出甲烷；当正好具备高压和低温的条件时，细菌产生的甲烷气体就被锁进水合物中。

可燃冰大多分布在深海底和沿海的冻土区域，这样才能保持稳定的状态。然而可燃冰的形成必须具备三个基本条件，缺一不可。

第一是温度条件，生成可燃冰的温度不能太高，也不能太低，生成可燃冰的适宜温度在0~10℃之间，最高限是20℃左右。第二是压力条件，形成可燃冰要有足够的压力，但也不能太大，在零度时，30个大气压以上它就可能生成。第三是地底要有气源，"巧妇难为无米之炊"，也就是必须要有天然气，没有天然气就不能形成可燃冰。这三个条件缺一不可。

海底可燃冰的分布范围要比陆地大得多，据科学家大致估算，可燃冰分布的陆海比例为1:100。大约27%的陆地，包括极地冰川冰土带和冰雪高山冻结岩，以及90%的大洋水域是可燃冰的潜在区，其中大洋水域的30%可能是其气藏的发育区。为什么大部分可燃冰都分布在海底，陆地上的分布比较少呢？原因很简单，因为在陆地上，除了永久冻土层，其他地方很少像海底一样具备可燃冰形成的三个条件，在适当的温度和压力条件下，陆地冻土带里的天然气能够变成可燃冰，又因为冻土带的温度和压力几乎长期保持恒定，这样就使蕴藏在冻土带里的可燃冰长期保持保持稳定的固态。在陆地上，只有永久冻土带里才能具备低温高压条件，而在海底300~500米的沉积物中都可能具备。

浩瀚大海蕴藏着丰富的可燃冰

海底的天然气能够形成可燃冰，那么，这些天然气又是从哪里来？千百年来，海底的动物不断出生，走完生命过程之后相继死去，遗体不断堆积，最后形成有机质。在缺氧环境中，埋藏在海底地层深处的大量有机质被厌气性细菌分解，最后形成石油和天然气。海底的天然气生成之后，在海底特定的温度和压力下，许多天然气又被包进水分子的小房子里，形成"可燃冰"。

可燃冰是在压力下生存的，离开压力，可燃冰就不存在了。海水是有压力的，随着深度增加，海水的压力也在逐渐增大。海水的压力对海底的可燃冰很重要，只有在足够的压力下，海底可燃冰才能够保持固体状态。埋藏在海底沉积物中的可燃冰要求该处海底的水深大于300~500米，这样巨厚的海水水层就能压着它，这样厚的海洋大"水饼"产生的压力刚好就能维持它的固体状态。

在海洋深处，可燃冰有其特定的存在范围。一般来说，海底可燃冰只能存在于海底之下500~1000米的范围以内，再往海底的深处深入的话，就会因为海底产生的地热使海水升温，不再符合可燃冰存在的温度条件。

## 五、可燃冰的分布

可燃冰广泛分布在大陆、岛屿的斜坡地带，活动和被动大陆边缘的隆起处，极

地大陆架及海洋和一些内陆湖的深水环境。作为一种重要的潜在未来资源，单位体积的气水合物分解最多可产生164单位体积的甲烷气体。

湖泊往往也蕴含丰富的可燃冰

在能源严重短缺的今天，气水合物的地位尤为突出。这是因为：地壳浅部2000米以内存在着大量甲烷；气水合物的分布是全球性的，在地壳内有一个气水合物形成稳定带。这些稳定带是：

**麦索雅哈河—普拉德霍湾—马更歇三角洲—青藏高原。**全球陆地气水合物形成带。陆地上，适合可燃冰形成的温度和压力条件的地理环境是高纬度永久冻结层（包括永冻区浅海地带）。永久冻土区包括格陵兰和南极冰川覆盖层下部，俄罗斯北部、西伯利亚和远东，加拿大马更歇三角洲，美国阿拉斯加北部斜坡，中国青藏高原。冻结层的最大厚度可达1800~2000米，最常见的是700~1000米；在永久冻土区，气水合物可以在地面以下约130~2000米的深度存在。陆地地温剖面表明气水合物可能存在的深度是200米，全球陆地可燃冰存在的可能性区域：从麦索雅哈河流域到俄罗斯北部和东北部；从普拉德霍湾到整个阿拉斯加北部斜坡；从马更歇三角洲到北美北极圈；青藏高原永久冻土区域。

**北冰洋—大西洋—太平洋—印度洋全球海洋气水合物形成带。**海洋底下是可燃冰形成的最佳场所，海洋总面积的90%具有形成气水合物的温压条件。海底沉积物和成岩作用所形成的天然气，几乎全部以水合物形式保存在沉积物中，而不是主要

分散在海水中。全球海洋可燃冰存在的可能性形成带：北极海底永冻区的气水合物形成带；大西洋气水合物形成带；太平洋气水合物形成带；内海气水合物形成带。

过去对海洋气水合物中甲烷资源量的估计，因不同推测者的估算差异很大，资源量估计值的区间很宽。气水合物中的天然气量主要取决于以下条件：气水合物分布面积、储层厚度、孔隙度、水合指数、气水合物饱和度。

青藏高原

为此，学者们对各国甲烷资源量做了大量深入的研究。美国学者估计美国大陆边缘气水合物中含有 $7.2 \times 10^{14}$ 立方米甲烷气。俄罗斯学者估计，俄罗斯远东和南部海底气水合物储量中的可开采天然气达 $(1\sim5) \times 10^{12}$ 立方米，其中60%集中在鄂霍茨克海和日本海。日本学者估计在日本海及周围有 $6 \times 10^{12}$ 立方米的甲烷水合物。海洋沉积物中甲烷的富集程度比陆地普通气藏甲烷丰度有过之而无不及。如果沉积物的孔隙（孔隙度达20%）全部被气水合物充填，则1立方米的沉积物中可聚集30~36立方米的天然气。在大陆斜坡和陆隆区，只有60%的地区（即 $3.22 \times 10^7$ 平方千米的地区）具有形成可燃冰的条件（合适的温度和压力以及富集的天然气）；在洋盆和深海沟地区，具有这种条件的地区约为 $5.67 \times 10^7$ 平方千米；在大陆架，具有这种条件的地区为 $1.1 \times 10^6$ 平方千米。假若1立方米的沉积物可聚集10~30立方米的天然气，每平方米的海底则含气 $2 \times 10^3 \sim 5 \times 10^3$ 立方米，若假设天然气排出因数为0.7，大陆斜坡和陆隆区的排气潜量约为 $2.97 \times 10^{16}$ 立方米；大洋盆地和深海地区的排气潜量约为 $5.49 \times 10^{16}$ 立方米，这样，整个海底可燃冰形成带的甲烷潜量则多达 $8.5 \times 10^{16}$ 立方米。

永冻土

全世界陆上气水合物中的天然气为数十万亿立方米，海洋中的为数千万亿立方米。以上两项之和是世界常规天然气探明储量（$1.19 \times 10^{14}$ 立方米）的几十倍。目前对全球气水合物中甲烷资源量较为一致的评价是将近 $2.0 \times 10^{16}$ 立方米。如果这个估计正确，气水合物中甲烷的总含量则是当前已探明所有燃料化石矿产（煤、石油、天然气）总含量的两倍。

**小知识**

在海洋的底部被一些海底山脉包围着有许多低平的地带，这种类似陆地上盆地的构造叫作海盆或者洋盆。海盆是大洋底的主体部分。深海沟是水深6000米以下、狭窄且两侧相对陡峭的硬相海底下陷沟。

## 六、可燃冰的勘探技术

可燃冰的主要成分是甲烷，燃烧后几乎没有污染，是一种绿色的新型能源。从其储量之大、分布范围之广和应用前景之好来看，它是石油、天然气、煤等传统能源之后最佳的接替能源。可燃冰点燃了人类21世纪能源利用的希望之光。

发展可燃冰勘探技术，准确确定可燃冰的分布与蕴藏量，对可燃冰产业的建立有至关重要的作用。目前，可燃冰勘探主要利用地球物理方法，如地震反射法中的水平地震剖面技术、测井技术、钻孔取样技术等等。地球化学方法也是重要的可燃冰勘探方法。

最主要的方法是可燃冰地球物理勘探技术。

目前，各国采用的地球物理勘探方法主要有地震、测井、热流测量、钻井取芯、海洋电磁法探测技术等。

我国"海洋六号"在南海打钻取样可燃冰

（一）地震勘探法

地震勘探是目前进行可燃冰勘探最常用的普查方法，其原理是利用不同地层中地震反射波速率的差异进行目的层探测。由于声波在可燃冰中传播速率比较高，是一般海底沉积物的两倍（大约为33千米每秒），故能够利用地震波反射资料检测到大面积分布的可燃冰。

1. 水平地震剖面（BSR）技术

由于可燃冰胶结沉积物层造成的速度异常，会在地震反射剖面上显示出一个独特的反射界面——拟海底反射层。现已证实拟海底反射层代表的是可燃冰稳定带的底板（顶板可由海底反射确定），其上为固态的可燃冰层段，声波速率高，其下为游离气或仅为孔隙水充填的沉积层，声波速率低，因而在地震剖面上形成强的负阻抗反射界面。因此拟海底反射层在地震剖面上具有比较明显的特征而易于识别，是目前识别气体可燃冰的最好方法。

但拟海底反射层与可燃冰稳定带基底并不存在——对应的关系。出现拟海底反射层不一定有可燃冰存在，例如成岩变化也能产生类似拟海底反射层的现象。

由于地震波在冰胶结永冻层的传播速度与可燃冰层的传播速度相当，所以在永

冻土地区，可燃冰层在地震剖面上就不会有明显的异常出现。因而，水平地震剖面技术不能用于永冻土地区可燃冰勘探，而测井技术可用于永冻土地区可燃冰勘探。

2. 垂直地震剖面技术

利用垂直地震剖面资料可以判别地层是否存在可燃冰及提供可燃冰储量参数。

3. 速度和振幅结构技术

速度和振幅结构的变化表明存在可燃冰和下浮的游离气。在不变形背景中，一般平缓起伏的沉积物的地震剖面上，速度和振幅结构都可以识别，以确定是否存在可燃冰。在有广阔、平缓起伏沉积物的大洋盆地中，如有可燃冰则最有可能出现速度和振幅结构变化。速度和振幅结构变化被认为是由直接在深气源之上形成的可燃冰引起的。

（二）测井技术

由于可燃冰对沉积物的胶结作用使得沉积物比较致密，孔隙度减小，渗透和扩散强度降低，不仅在地震剖面上有明显的特征显示，而且在测井曲线上也有异常显示。因而地球物理测井技术成为可燃冰勘探中一种有效的手段。

测井技术主要用于：确定可燃冰、含可燃冰沉积物在深度上的分布；估算孔隙度与甲烷饱和度；利用井孔信息对地震与其他地球物理资料进行校正。同时，测井资料也是研究井点附近可燃冰的主地层沉积环境及演化的有效手段。可见，测井在可燃冰探测与储量评价领域发挥着重要的作用，并且随着以勘探可燃冰为目的的钻井的增多，将日益受到重视。

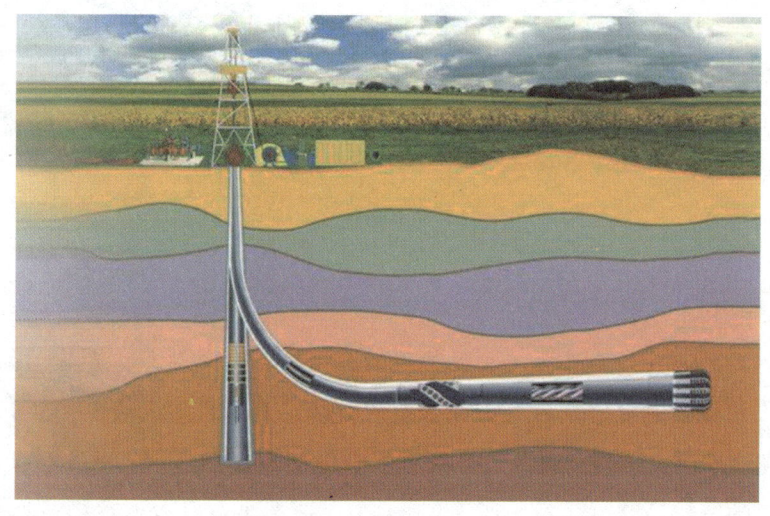

测井技术示意图

（三）地质取样与钻探技术

地质取样技术是发现可燃冰的直接手段，也是验证其他方法所得到的调查成果的必要手段。地质取样技术，包括抓斗取样、重力取样（柱样）、大型重力活塞密封取样等海底浅地层取样技术（深度达10~12米）和钻探取芯技术。

钻探取芯是识别可燃冰最直接的方法，目前已在世界许多地方获得了可燃冰的岩芯，例如布莱克海岭、中美洲海沟、秘鲁大陆边缘、里海等地。但是，要获得保持原位压力和温度的高保真岩芯样品，必须研究和采用高保真取芯器、原状可燃冰岩芯室内实验分析装置等。目前这些装置的功能还需不断完善和加强。

地质取样

 **小知识**

泥火山，顾名思义是由泥构成的火山。它是由黏土、岩屑、盐粉等泥土构成。通常所说的火山最基本的特征是由岩浆形成的，并具有岩浆通道，而泥火山则是由泥浆形成的，不具有岩浆通道。

（四）地热学技术

温度、压力是可燃冰形成、稳定与分解的重要因素，因此地热学方法也成为研究可燃冰的重要手段。利用拟海底反射层资料估算地温梯度，进而求出热流值并与实测热流值对比分析是可燃冰地热研究的主要方向。

地球化学方法勘探技术也是一项重要技术。

由于可燃冰极易随温度压力的变化而分解，海底浅部沉积物中常常形成天然气地球化学异常。这些异常不仅可指示可燃冰可能存在的位置，而且可利用其烃类组分比值（如$C_1$、$C_2$及碳同位素成分判断其天然气的成因）。因而地球化学成为识别海底可燃冰赋存的有效方法，这种方法正在不断探索和发展中，已成为可燃冰研究的重要手段。

（五）地质勘探方法

在油气藏埋藏深的盆地中，可燃冰矿藏最有利的成矿部位是盆地边缘及构造破坏且冻土层发育的部位，可能出现可燃冰的地表标志有泥火山、形状类似环形山的洼地、特殊形状的植物枯死斑块等。大洋底浅表层沉积物中可燃冰的产出主要与下列地质或构造作用相关：泥火山作用；底部构造；断裂构造发育的埋藏背斜区；发育有海底流体喷出排放现象。出现在海底或浅表层沉积物中的可燃冰，是由微生物成因的甲烷气沿断层、节理或底部构造向上运移形成的。它们的形成，造成了底层海水的烃类气体含量以及浅表层沉积物和孔隙水的一系列地质、地球化学特征异常。

地质勘探

（六）其他方法

随着卫星遥感技术的发展，利用卫星遥感数据能提供固态可燃冰的特殊标志信息，如在遥感图像上就可观测到固态可燃冰渗漏，分析某个地区长期的卫星热红外图像资料发现温度异常情况。使用现代卫星遥感技术为可燃冰的研究与开发提供了新的技术方法。

卫星遥感

## 七、可燃冰开采方式

可燃冰在地层储存环境（低温、高压）下以固体状态存在，而在开采过程中由于减压或升温的原因，将分解成水和天然气。可燃冰的开发必须控制固体向液体、气体的分解，控制采收过程中分解的气体和水会再次形成可燃冰。这是可燃冰开采的技术难点。

可燃冰的开发技术目前尚处于实验阶段，唯一的工业开采案例是苏联麦索雅哈可燃冰气田。目前，大多数可燃冰的开发思路基本上都是首先考虑如何使蕴藏在沉积物中的可燃冰分解，然后再将天然气采至地面。一般来说，改变可燃冰稳定存在的温度及压力，造成其分解，是目前开发可燃冰资源的主要方式。可燃冰开采方法有降压法、热采法、化学试剂法、水力压裂法等。

（一）降压法

通过降低压力使可燃冰稳定的平衡曲线变化，从而达到促使水合物分解的目的。一般是在水合物层下的游离气聚集层中"降低"天然气压力或形成一个天然气空腔（可由热激发或化学试剂作用人为形成），使水合物变得不稳定并分解为天然气和水。降压法最大的特点是不需要费用昂贵的连续激发，因而可能成为今后大规模开采可燃冰的有效方法之一。但是仅使用降压法开采天然气速度很慢。通常降压开采适合于高渗透率和深度超过700米的可燃冰气藏，若气体中含有重烃就需要较大的降压。另外通过调节天然气的开发速度可以达到控制储层压力的目的，进而达到控制水合物分解的效果。

（二）热采法

热采法是研究最多、最深入的可燃冰开采技术。热采法是利用钻探技术在可燃冰稳定层中安装管道，对水合物地层进行加热，提高储层温度，造成可燃冰分解，再用管道收集分解出的天然气，其主要方法是将蒸汽、热水、热盐从地面注入水合物层，这些方法各有其优点和不足。例如，蒸汽注入在薄水合物气层的热损失很大，只有在气层大于15米时热效率才较高；注入热水的热损失较注入蒸汽的小，但水合物气层内水的注入率限制了该方法的大规模使用。另一种加热方法是电磁加热法。实践证明，电磁加热法是一种比常规加热方法更为有效的方法，电磁热很好地降低了流体的黏度，促进了气体的流动。

电磁加热器

（三）添加化学剂法

在储层注入抑制剂（甲醇、乙二醇、氯化钙等）以打破可燃冰平衡，造成部分可燃冰的分解。这种方法虽然可降低初期能量输入，但缺陷却很明显，它所需的化学试剂费用昂贵，对可燃冰层的作用缓慢，而且还会带来一些环境问题，所以，目前对这种方法投入的研究相对较少。近年来，国外正在开发两种新型水合物抑制剂，即动态抑制剂和防聚剂，它们抑制水合物形成的机理与传统的热力学抑制剂不同，加入量少，一般注入浓度低于1%。实验表明，可燃冰的溶解速率与抑制剂浓度、注入排量、压力、抑制液温度等因素有关。麦索雅哈气田在开采初期，有两口井在其底部层段注入甲醇后产量增加了6倍。在美国阿拉斯加的永冻层可燃冰中做过实验，也获得明显的产气量。

颗粒氯化钙

（四）水力压裂法

水力压裂工艺是利用温度相对较高的海水由高压泵通过注入井注入水合物储层，在加热水合物储层的同时还使其产生人工裂缝，为分解气体提供运移通道，从而达到高效开采水合物储层的目的。从生产井流出的气水两相流体经气水分离器分离出来的气体，经加工后直接输出。这种方法通过人工控制增加储层裂隙，促进储层压力降低，同时温热海水提供分解所需热量，可以认为水力压裂开采是一种强化的综合热激法与减压法开采结合的新方法。

（五）$CO_2$置换开采法

这种方法首先由日本研究者提出，方法依据的仍然是可燃冰稳定带的压力条件。在一定的温度条件下，可燃冰保持稳定需要的压力比$CO_2$水合物更高。因此在某一特定的压力范围内，可燃冰会分解，而$CO_2$水合物则易于形成并保持稳定。如果此时向可燃冰内注入$CO_2$气体，$CO_2$气体就可能与可燃冰分解出的水生成$CO_2$水合物。这种作用释放出的热量可使可燃冰的分解反应得以持续地进行下去。

**小知识**

　　泥浆是细黏土与水的混合物，具有乳浆稠度，由于特殊的地理环境，致使泥浆中含有矿物元素，就形成矿泥浆。矿泥浆是指含有海水、泥沙、天然气水合物的泥浆。

（六）固体开采法

固体开采法最初是直接采集海底固态可燃冰，将可燃冰拖至浅水区进行控制性分解。这种方法进而演化为混合开采法或称矿泥浆开采法。具体步骤为首先促使可燃冰在原地分解为气液混合相，采集混有气、液、固体水合物的混合泥浆，然后将这种混合泥浆导入海面作业船或生产平台进行处理，促使可燃冰彻底分解，从而获取天然气。

需要指出的是，可燃冰储层蕴藏有巨大的天然气资源，而且在可燃冰储层之下往往还存在常规天然气资源。因此，开发可燃冰不是采用单一方式的资源开发技术可以实现的，而需要利用综合开发技术。

## 八、开采可燃冰可能引发的问题

可燃冰虽然有着很强的资源优势，但是对其开采却有着相当大的难度，并且如果开采不当，就会造成很严重的后果。综合来看开采可燃冰可能会造成以下问题。

（一）海底滑坡

可燃冰主要存在于低温高压背景下的海底沉积物和陆地永久冻土地带中。生活在海底沉积物中的可燃冰本身能作为准稳定的胶结物对海底有建造作用，而且对沉积物的强度起着关键作用。

在海底，可燃冰是极其脆弱的，轻微的温度增加或压力释放都有可能使它失稳而产生分解，从而影响海底沉积物的稳定性。由于其稳定性对特定温度和压力的严格依赖，海平面的下降、海底构造活动、海底的连续沉积、海底热流值增高、地震等自然因素以及海洋钻井或采气不当等人为因素引起海底压力降低或温度上升，可燃冰将分解成天然气和水，从而使海床的稳定性遭到破坏，使海底沉积物失稳，进而诱发海底滑坡等地质灾害的发生，对各种海底设施是一种极大的威胁。

海底滑坡可引起海啸

可燃冰被认为是大陆边缘沉积物强度变弱的一个重要原因，从可燃冰这里能够找到大陆边缘海底滑坡的原因。可燃冰的形成使沉积物强度增加，而其分解则使沉积物强度变弱。虽然无法直接观测沉积物中可燃冰的活动过程与相应的海底滑坡之间的联系，但是科学家们能观测出海底界面处沉积物出现液化，并由此而推断出气压不断增大，最终使上部的沉积层失稳而产生滑坡的结论。大量的背景资料表明，可燃冰崩解常常有助于触发海底沉积物块体的运动。如果巨厚的可燃冰沉积层滑坡进入深海里，可燃冰就可能因压力释放而溶解。

美国地质调查局科学家贝尔证实，美国南卡罗来纳州岸外就有一个年轻的海底滑塌地质体。地震资料显示，该滑坡体下部的沉积物中几乎不含水合物。一个比较合理的解释就是：冰期海平面下降导致海底压力下降，水合物稳定带底界面的水合物因压力下降而分解，结果该处原来处于稳定状态的沉积物带变成充满气体的、易滑动的带，最终导致滑坡。这次滑坡可能释放大量的甲烷，导致大气中甲烷含量增加。

（二）海水毒化

可燃冰开采不当，会导致海水毒化，海洋生物灭绝，这并非危言耸听。一旦海

底可燃冰因突发因素而失稳分解，大量的甲烷气体将进入海水，结果海水被还原，造成缺氧环境，进而引起海洋生物大量死亡，甚至导致生物灭绝事件发生。

地质史上不排除这种可能性。目前在地下埋藏着丰富的可燃冰，肯定也是经历了漫长的岁月才积淀起来。据推测，地球至今已有46亿年，在人类出现之前，在地球生物的成长演变过程中不知道经历了多少次变迁，如果可燃冰在很遥远的年代里也曾由积淀到爆发，很有可能就会引发海水"灾难"。这样推理的话，就不能排除历史上曾经爆发过由可燃冰引发的海洋生物集体死亡的可能，并由此开始了新一轮的海洋生物成长进化史。

海洋毒化会引起海洋生物大面积死亡

通俗一点说，就是甲烷气体和海水融在了一起，使海水变了质，不再像原先那样纯净。海洋生物本来"呼吸"的海水是干干净净的，就像我们人类呼吸清洁的空气一样舒畅。可是空气一下子被污染了，我们就会觉得呼吸很难受。那种污染了的空气进入人的身体也会非常有害，所以海洋生物也不喜欢"呼吸"脏了的海水。这些被甲烷"入侵"了的海水同样也会对海洋生物的健康带来很严重的恶果，最严重的后果可能会使它们大批死亡。

（三）温室效应

可燃冰在给人类带来新的能源前景的同时，对人类生存环境也提出了严峻的挑战，温室效应造成的异常气候和海平面上升正威胁着人类的生存。全球海底可燃冰中的甲烷总量约为地球大气中甲烷总量的3000倍，若有不慎，让海底可燃冰中的甲烷气逃逸到大气中去，将产生无法想象的后果。

**全球变暖将最终危及人类生存**

甲烷是一种温室效应远大于二氧化碳的温室气体，甲烷的温室效应为二氧化碳的20倍，它在全球气候变化中扮演着重要角色。可燃冰很不稳定，在常温和常压环境下极易分解。从边缘海释放的甲烷在大气中就占了相当大的比重。地质学研究成果表明，地质史上曾经发生过若干次大气变化的事件，其原因就是可燃冰分解，甲烷被释放出来造成的。由于可燃冰分解导致的海底沉积层发生变化，沉积层的变化又引起海底山体滑坡，这一系列连锁反应的结果是导致甲烷大量逸出。虽然甲烷是一种清洁的化石能源，但直接释放到空气中会导致大气温度上升。在2.5亿年和5500万年前，地球上曾经出现两次气温最高峰，致使当时物种大范围地灭绝。科学界普遍认为，这两次气候事件，从可燃冰中大量分离出来的甲烷就是罪魁祸首之一。

尽管目前大气中甲烷的含量还很少，但它的温室效应比二氧化碳要大得多。开采可燃冰可能使大量的甲烷气体向大气中释放，据测算，甲烷的全球变暖的潜能在20年的期间内是二氧化碳的56倍。也就是说，一个单位重量的甲烷，在20年的期间内，它的增温效应是同样重量的二氧化碳的56倍。由于大气中的化学反应，甲烷的增温效应随时间而降低。

目前很多科学家也认为，可燃冰中的甲烷会对我们生活的气候产生重大的影响。

在地球漫长的生命旅程里也有冬天，这就是它的冰期。在冰期开始时，地球变冷，冰盖扩大，导致海平面下降。海平面下降后，海水就不具备原来那样的重量去"镇压"海底，这样又引起对海底压力的下降。失去重压，海底的可燃冰就没有原

来那样安稳了，它们很快活跃起来，就会释放出大量甲烷气体，增加大气的温室效应，从而阻止了全球继续变冷。这样，地球的春天很快又到来了。这样推算下来，可燃冰可能是稳定全球温度的一个重要因子。20世纪，全球升温达0.8℃，这一变化正在对海洋产生影响，可能导致可燃冰的离散而加剧全球变暖的趋势。

可燃冰作为一种新能源虽具有开发应用前景，但甲烷是一种高效的温室效应气体，可燃冰的开采如果方法不当，释放出的甲烷就会扩散到大气中，会增强地球的温室效应，将会导致地球上永久冻土和两极冰山融化，这是一个不争的事实。

在繁复的可燃冰开采过程中，一旦出现任何差错，将引发严重的环境灾难。收集海水中的气体是十分困难的，海底可燃冰属大面积分布，其分解出来的甲烷很难聚集在某一地区内，而且一离开海床便迅速分解，容易发生井喷意外。

（四）地质灾害

可燃冰开采不当，会引起地质灾害。可燃冰经常作为沉积物的胶结物存在，它对沉积物的强度起着关键的作用。可燃冰决定着沉积物的物理特性，因此影响着海底的稳定性。可燃冰在一定的压力和低温条件下是稳定的，如果对可燃冰施加的压力减小或温度增加就可能造成可燃冰的解体，从而造成地质灾害。

可燃冰往往同自然环境条件处于十分敏感的平衡之中，任何一种变化都会影响可燃冰系统的稳定性，从而导致海底沉积物失去稳定性，产生海底滑坡。牵一发而动全身，可燃冰的开采有可能会带来毁灭性的灾难。气温和压力的变化引起可燃冰矿层的断裂从而引起的海底塌陷，古已有之。例如，在最后一次冰川运动中，由于极地冰盖的形成导致海平面的降低，从而引起对海底压力的降低，进而导致了海底的塌陷。

海洋井喷

可燃冰直接关系到海上石油和天然气开发的安全。油气生产引起的少许的压力或温度的变化（增高）就可能引起可燃冰层的断裂，从而引起井喷、海底塌陷和沿岸滑坡。近年在墨西哥湾发生的一系列油气勘探事故，就可能是可燃冰的离解而引起沉积物的移动，以及原本被可燃冰封压在其下层的气体的大量释放而造成的。墨西哥湾和北大西洋的油气开采已从浅水区向深水区转移，就是考虑深水区的可燃冰更稳定。

经调查研究证明，在美国大西洋大陆边缘发生的多次滑坡几乎都与可燃冰矿层的断裂有关。关于由可燃冰的形成过程和断裂引起的变化及其对海底沉积物物理特性的影响，普遍认为还有待进一步研究，这不仅关系到安全有效地开发利用可燃冰，也关系到海底油气的开采、海底国防以及海底废物处理等。

此外，海底开采还可能会破坏地壳稳定平衡，造成大陆架边缘动荡而引发海底塌方，甚至导致大规模海啸，带来灾难性后果。目前已有证据显示，过去这类气体的大规模自然释放，在某种程度上导致了地球气候急剧变化。

在看似平静的蔚蓝的大海之下，这样高含量的"可燃冰"的发现，难道只能是看起来很美，但却是高悬头顶的达摩克利斯之剑吗？由此可见，可燃冰在作为未来新能源的同时，也是一种危险的能源。可燃冰的开发利用就像一柄"双刃剑"，需要小心对待。

有人评价说，"可燃冰"是大自然赐予人类的最后的诱惑。它可能是赐予人类的巨大宝藏，也有可能成为巨大的灾祸。"可燃冰"的开发利用就像一柄"双刃剑"，需要严谨的科学态度和成熟的科学方法。对于"可燃冰"，科学家认为还需要继续进行研究，深入了解这种神秘的能够燃烧的冰块。但不管如何，人类科技的进步必将推动对海洋"可燃冰"资源的开发进程，并使可能出现的不良作用减小到最低程度。

**小知识**

达摩克利斯之剑源自古希腊传说，迪奥尼修斯国王请他的大臣达摩克利斯赴宴，命其坐在用一根马鬃悬挂的一把寒光闪闪的利剑下，由此而产生的这个外国成语，意指令人处于一种危机状态，用来表示时刻存在的危险。

## 九、可燃冰的开采技术现状

目前，全世界开发和利用可燃冰资源的技术还不成熟，仅处于试验阶段，距离大量开采还需要一段时间。

目前有三种开采可燃冰的方案，均处于研发和验证阶段：第一是热解法。利用"可燃冰"在加温时分解的特性，使其由固态分解出甲烷蒸气。这个方法的难点是不好收集，因为海底的多孔介质不是集中在一片，也不是一大块岩石，如何布设管道进行高效地收集是急于解决的问题。第二是降解法。有的科学家提出将核废料埋入地底，利用核辐射效应使其分解。但是，这种方法也面临着与热解法同样的布置管道并高效收集的问题。第三是置换法。研究证实，将二氧化碳液化，注入1500米以下的海洋中（不一定非要到海底），就会生成二氧化碳水合物，它的密度比海水大，会沉到海底。如果将二氧化碳注射到海底的甲烷水合物储层，就会将甲烷水合物中的甲烷分子"挤出"，从而将其置换出来。

以上三种开采方案都有其技术合理性，也都面临巨大的挑战和困难。

地质勘探发现祁连山有大量可燃冰

可燃冰以固体状态存在于海底，往往混杂于泥沙中，其开发技术十分复杂，如果钻采技术措施不当，水合物大量分解，势必影响沉积物的强度，有可能诱发海底滑坡等地质灾害的发生，开发它会带来比开采海底石油更大的危险。海底天然气大量泄露，极大地影响全球气候，引起全球变暖，则将对人类生存环境造成永久的影响。可燃冰一般埋藏在500多米深的海底沉积物中和寒冷的高纬度地区（特别是永冻层地区），在低温高压下呈固态。但一接近地表，甲烷就会气化并扩散。因此，必须研制有效的采掘技术和装备，在商业生产中，将从采掘的可燃冰中提取甲烷，通过管道输送到陆地，供发电、工业及生活用。

可喜的是，我国在这方面的研究已经取得一定进展。1999年我国"新一轮国土资源大调查"国家专项开始实施，由此展开对海底和陆域永冻土区的可燃冰资源的实质性调查和研究。2005年，中科院广州能源所成功研制出了具有国际领先水平的可燃冰开采实验模拟系统。该系统的研制成功，将为我国可燃冰开采技术的研究提供先进手段。可燃冰开采实验模拟系统主要由供液模块、稳压供气模块、生成及流动模拟模块、环境模拟模块、计量模块、图像记录模块以及数据采集与处理模块组成。经对该实验模拟系统的测试结果表明，该系统能有效模拟海底可燃冰的生成及分解过程，可对现有的开采技术进行系统的模拟评价。2007年5月在我国南海北部神狐海域成功钻获可燃冰样品，成为继美国、日本、印度之后第四个通过国家级研发计划采到可燃冰实物样品的国家，标志着中国可燃冰调查研究水平已步入世界先进行列。2008年11月我国又在祁连山南缘青海省天峻县木里镇钻获可燃冰样品。

据估计，在我国215万平方公里的永冻土区下，可燃冰的远景资源量可达350亿吨油当量。我国海域可燃冰控制资源量达40亿吨油当量。

中国首次在南海发现新的可燃冰分布区海马冷泉

当今世界对常规石油天然气资源的消耗巨大，预计在四五十年之后全球的油气资源就会枯竭。可燃冰与石油天然气相比，具有储量大、使用方便、燃烧值高、清洁无污染等优点，所以可燃冰被作为一种潜在的继石油天然气之后人类所依赖的重要新能源，但国人真正接触利用可能至少还要20年的时间。

# 第七节　醇醚燃料

## 一、认识醇醚燃料

石油和天然气的高价位以及带来的环境污染，使世界许多公司对替代燃料产生浓厚兴趣，纷纷建立替代燃料部门，或从事燃料合成，或开发与储存和供应链相关的技术。

在石油的各种消费中，汽车消费直接与人民生活息息相关。近些年，中国汽车销售量连年增加。2016年中国汽车产销总量再创历史新高，汽车产销分别完成2811.9万辆和2802.8万辆，比上年同期分别增长14.5%和13.7%，高于上年同期11.2和9.0个百分点。据预测，到2020年，全国汽车保有量将达到2亿辆。2016年1~12月，中国汽油产量为12843.4万吨，同比增长6.0%。

近些年，我国汽车保有量迅速增长

全球交通运输业能源消耗量的98%来自石油及其衍生品，而原油枯竭的威胁以及保护环境迫使很多国家开始寻求开发石油替代能源。

道路运输排放的7种主要污染物包含一氧化碳（CO）、氮氧化物（NOx）、可挥发性有机物（VOC）、苯、柴油颗粒物质、二氧化碳（$CO_2$）、二氧化硫（$SO_2$）等。

　　减少排气污染、净化环境已成为车用燃料发展的大方向。以欧盟为例，欧盟15国制定的"汽车–油料发展规划"，要求1995~2020年间，道路运输排放的7种主要污染物要大大降低，除$CO_2$外，其他各种污染物要由1995年相对值为100降低到2010年平均相对值为25，2020年平均相对值为10。

机动车尾气造成的污染愈来愈严重

　　除汽、柴油燃料规范将进一步严格外，发展更清洁的代用燃料已势在必行。

　　目前车用石油替代产品主要包括四大类：气体燃料（天然气、液化气、氢气）、合成燃料（煤制油、天然气合成油）、醇醚类燃料（甲醇、二甲醚、乙醇）、生物质产品（生物质气化、生物柴油）。

　　据统计，2005年全球道路运输能源消费中，常规汽、柴油能源为16.7亿吨/年，其中，汽油为9.9亿吨/年，占60%；柴油为6.8亿吨/年，占40%。替代能源为2850万吨/年，占运输燃料总量的约2.5%。但替代燃料应用增多的趋势正在发展中。据欧盟规划，到2020年，欧盟替代燃料的普及替代率将达到23%。虽然生物燃料的成本

现是常规燃料的2~3倍，氢气更高，但从发展前途看，替代燃料的生产成本会因技术的进步而有所降低，因环保要求的严格而将扩大应用，这是世界车用燃料发展的总趋势。

甲醇

为解决长期的燃料供应问题，生物燃料是切实可行的解决方案。纯的和调和的生物燃料产品已开始大量进入市场。生物燃料包括生物乙醇、生物柴油、ETBE（乙基叔丁基醚）、生物甲醇和生物二甲醚。

在各种可用于车用燃料的替代能源中，《中国替代能源研究报告》提出的初步结论是：甲醇作为车用替代燃料在经济上可行，只要遵守操作规程，外界所担心的对人体健康的影响不会很大；二甲醚前途很好，原料应以煤为主，重点考虑年产200万吨以上的大规模生产项目；包括乙醇汽油在内的生物质油应"不与民争粮，不与民争地"，扩大原料来源，并合理考虑运输半径；对于煤制油，2010年以后进入快速发展期，应防止盲目投资以煤为基础，多元化发展，重点发展醇醚燃料将成为最近几年替代能源发展的主要内容。

目前二甲醚是公认的替代柴油的优质清洁燃料。当前二甲醚以两种方式作为燃料使用，一种是以其代替液化石油气，作为液化石油气汽车的代用品；另一种是二甲醚在加压下成为液态，与柴油混合（10%）代替柴油。此外，100%二甲醚代替柴油目前也取得了很大进展。与柴油相比，二甲醚替代后发动机的效率提高

10%~15%，噪声降低10分贝，排气清洁程度符合欧Ⅲ标准。1.6吨甲醇制1吨二甲醚，而1.2吨二甲醚可以替代1吨液化石油气，1.8吨二甲醚替代1吨柴油。二甲醚无毒，废气排放清洁，具有很强的竞争力。但是使用二甲醚的汽车发动机油路系统需要加压，要做一定的改动。国内一些大的汽车企业也对二甲醚汽车给予高度关注。中国的二甲醚发动机研发与世界同步。

### 二、醇醚燃料发展现状与前景

国家高度重视发展醇醚燃料及醇醚清洁汽车。2007年2月，国家发展和改革委员会下发了《关于发展替代能源的指导意见（征求意见稿）》；同年9月，国家发展和改革委员会下发了《我国醇醚燃料及醇醚清洁汽车发展专题（征求意见稿）》，指出通过自主创新与引进国际经验和技术相结合，我国煤基醇醚燃料和醇醚清洁汽车工业具有良好的发展前景。

醇醚燃料中，乙醇燃料推广顺利，甲醇和二甲醚仍在起步。

汽油发动机展示图

在我国，汽车替代燃料已在加快试验和推广中，发展最快的当属乙醇汽油。在国家发展和改革委员会等八部委的推动下，从2004年4月起，黑龙江、吉林、辽宁、河南、安徽5省的全部和河北、山东、江苏、湖北的局部推广使用车用乙醇汽油。这是一种绿色可再生能源，在生产燃料的同时能消化大批陈化粮，可谓一举两得。但经过几年的试验也暴露出一些问题：一是粮食制造高纯乙醇成本过高（大约为4500元/吨），维持运行需要国家给予财政补贴；二是国内陈化粮有限，已经不

能满足生产需要，维持生产需要进口粮食替代。以上两点使乙醇汽油生产规模的扩大受到限制。

**柴油发动机**

甲醇汽油是很多人看好的一个替代燃料。先看成本，大约每吨甲醇耗煤两吨，生产成本在每吨1000元左右，甲醇燃烧后尾气中常规排放的一氧化碳、碳氢均比汽柴油低30%以上，同时由于甲醇不含苯、烯烃和硫，非常规排放物也比汽油燃料好。甲醇汽油从掺兑15%～100%使用甲醇均可，15%以下甚至都不必加助溶剂。但是在100%使用甲醇作汽车燃料时，发动机则需要改造。中国从20世纪70年代开始着手进行甲醇燃料替代汽油试验，在山西、山东、云南、四川等地均进行过甲醇燃料替代试验。

甲醇燃料和乙醇燃料孰优孰劣，争论已有几年，现实情况是乙醇汽油正在从上而下地推开，甲醇虽然连年来产量猛增，但使用甲醇汽油缺少政策支持和统一标准，无法大面积推行。乙醇汽油的问题是粮食有限和成本过高，甲醇则因毒性让人敬而远之。在此情况之下，二甲醚引起了更多人的关注。

推动车用醇醚燃料的规模化应用，满足交通运输业快速发展，当前应着力解决三大难点：首先，完善相关政策、标准。目前仅有国家指导性文件是不够的，还需要进一步深化，要出台操作层面上的产业政策，实现醇醚清洁汽车的产业化。其

次，在国家新能源汽车鼓励政策中，应包括醇醚汽车，在消费税减征、免征方面，醇醚燃料应享有与乙醇燃料同样的政策。再次，还要制定加注系统的国家标准，国家能源局可先组织制定行业标准。地方政府要积极扶持，中石化、中石油要全力支持，解决加油站的加注系统问题。

### 三、甲醇汽油

甲醇汽油可有效降低汽车污染排放。纯甲醇燃料（M100）汽车尾气完全没有汽油车尾气所含的苯和铅等剧毒物质；甲醇燃料尾气增加的非常规排放物主要为甲醇和甲醛，但通过使用催化净化器，可以使M100排放的甲醇、甲醛降低到接近和低于汽油的排放水平。

甲醇汽油

甲醇辛烷值较高，抗爆性能好，在汽油中掺入甲醇可以提高汽油抗爆性；甲醇热值仅为汽油的45%，甲醇汽油的热值随甲醇加入量的增加逐渐减小，同时发动机的油耗随之增加，这些因素将直接影响甲醇汽油使用的经济性；由于甲醇是极性很强的物质，与水完全互溶，相对于无铅汽油，甲醇汽油的吸水性显著增强。只有在水含量较低时，甲醇—汽油—水三元混合物才易形成均相体系，水含量增大易发生相分离。甲醇汽油相分离问题可通过加入增溶剂来改善。

评价认为，甲醇汽油可有效降低汽车污染排放。纯甲醇燃料（M100）汽车尾气完全没有汽油车尾气所含的苯和铅等剧毒物质；甲醇燃料尾气增加的非常规排放物主要为甲醇和甲醛，但通过使用催化净化器，可以使M100排放的甲醇、甲醛降低到接近和低于汽油的排放水平。

用可再生煤可制作醇醚

甲醇和汽油比较，有以下特点：

（1）甲醇抗爆性能好，在汽油中掺入甲醇可以提高汽油抗爆性。选用催化裂化汽油和催化重整汽油混合不同比例甲醇，测其辛烷值表明，多数情况下甲醇加入量大，调和后辛烷值提高。

（2）甲醇热值仅为汽油的45%，甲醇汽油的热值随甲醇加入量的增加逐渐减小，同时发动机的油耗随之增加，这些因素将直接影响甲醇汽油使用的经济性。

（3）由于甲醇是极性很强的物质，与水完全互溶，相对于无铅汽油，甲醇汽油的吸水性显著增强。只有在水含量较低时，甲醇—汽油—水三元混合物才易形成均相体系，水含量增大易发生相分离。甲醇汽油相分离问题可通过加入增溶剂来改善。加入1.0%增溶剂可使相分离温度下降约10℃。添加2%增溶剂可使甲醇体积分数30%、水体积分数1.0%~1.5%的甲醇汽油在10℃的环境下不分层。

**小知识**

抗爆性就是指燃油在发动机中燃烧时抵抗爆震的能力，它是燃油燃烧性能的主要指标。爆震则是因为燃油在发动机中燃烧不正常引起的。

甲醇作为替代能源具有很多优点。

第一，因为甲醇的来源广泛，其中煤制甲醇更具重大意义，尤其对含硫量高、不易民用或工业用的煤，也不影响生产甲醇。从煤中制取甲醇，也可在多种可点燃物质中提取混合醇，再将甲醇作为燃料代替汽油，等于汽车烧煤。

第二，甲醇汽油含氧量高，燃烧充分，能有效地降低和减少有害气体的排放，按照国家标准，碳氧化合物下降98.9%，碳氢化合物下降88.11%，达到欧Ⅲ标准，部分指标达到欧Ⅳ标准，有利于环境保护，故有绿色环保燃料之称。

第三，因为甲醇汽油的燃烧特性，能有效地消除燃烧系统各部位的积炭，避免了因积炭的形成而引起动力下降、燃烧不充分等现象，且可降低各工况排气温度，有利于降低零部件热负荷，延长发动机部件的使用寿命。

第四，因为甲醇汽油中的甲醇是一种性能优良的溶剂，能有效地消除油箱及油路系统中杂质的沉淀和凝结，有良好的油路疏通作用，减少为清洁疏通油路而购买的如油路通、燃油精等添加剂的费用开支。

第五，因为使用甲醇汽油无论是电喷式和化油器式的任何一款汽油发动机，无须做任何改造即可正常使用。

第六，因为甲醇汽油辛烷值高，动力强，适用于高压缩比发动机，可提高发动机的效率。

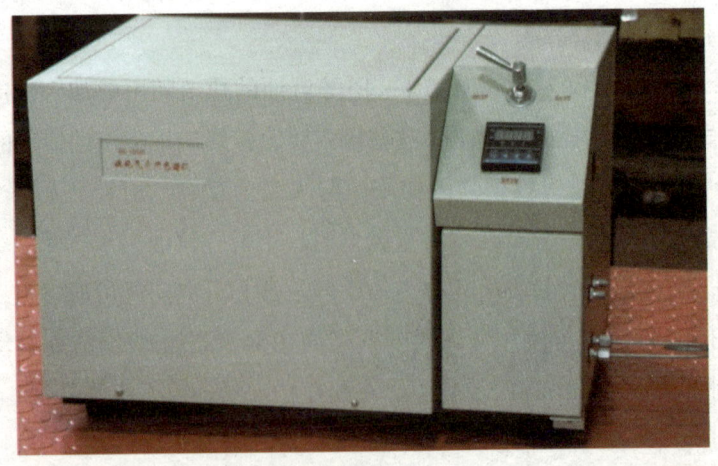

液化气专业色谱仪

## 四、二甲醚燃料

二甲醚（DME）是一种无色、无毒的化工产品，具有优良的混溶性，易溶于汽

油、四氯化碳、丙酮、氯苯和乙酸甲酯等多种有机溶剂，加入少量助剂后可与水以任何比例互溶。二甲醚毒性很低，无致癌性。常温下蒸气压为0.6兆帕，具有与液化石油气相似的特性，对大气臭氧层无损害，在大气对流层中容易降解。

二甲醚是重要的化工原料，可用于许多精细化学品的合成，同时在制药、燃料、农药等工业中有许多独特的用途，可以用作气雾剂的抛射剂、发泡剂等，代替氟利昂作为制冷剂。二甲醚在大气对流层中即可分解，对大气臭氧层无破坏作用。高浓度的二甲醚可用作麻醉剂。二甲醚还可成为城市煤气和液化气的代用品，也可作为汽车燃料。目前，用作气雾剂抛射剂仍是二甲醚目前的首要用途。

二甲醚可作为燃油的补充，用作汽车燃料、民用燃气。二甲醚作为车用燃料时，其燃烧性能好，可实现无烟燃烧，是柴油发动机理想的替代燃料。尾气排放能够达到欧盟排放标准，替代柴油时发动机爆发力大，性能好。二甲醚作为民用燃料可具备燃烧充分、无残液、不析碳的优点。

二甲醚具有优良的燃烧性能，清洁，十六烷值高，动力性能好，污染少，稍加压即为液体，易于储存，作为车用替代燃料，具有天然气、甲醇、丙烷、丁烷、柴油等不可比拟的综合优势。常规的发动机代用燃料如液化石油气、天然气、甲醇等的十六烷值都小于10，只适用于点燃式发动机。二甲醚具有优良的压缩性，非常适合于压燃式发动机，是柴油发动机理想的替代燃料。使用二甲醚燃料，尾气无须催化转化处理，氮氧化物及黑烟微粒排放就能满足美国加利福尼亚州燃料汽车超低排放尾气要求。丹麦托普索公司从环保角度进行了二甲醚燃料在中型汽车运行时的尾气排放试验，结果一氧化碳、碳氢化合物、氮氧化物含量与美国加利福尼亚州颁布的中小汽车尾气排放标准性能相比，分别低55%、83%、4%。这说明使用二甲醚作汽车燃料，废气污染明显低于目前的优质汽油。

2005年5月，由上海交通大学、上海汽车集团股份有限公司、上海华谊集团公司合作开发的我国第一台以二甲醚为燃料的城市客车在上海市亮相。经调研，上海现有公交车辆约1.9万辆，其中使用柴油发动机的有1.5万辆左右。若改用二甲醚发动机，将大大改善上海中心城区的大气质量。我国首台二甲醚城市客车的问世，对发展具有中国特色的汽车代用燃料体系、逐步改变汽车能源结构、降低对石油资源的依赖性、保证我国能源安全及环境保护具有重大的战略意义。上海交通大学燃烧与环境技术研究中心于1997年起承担了我国首项有关二甲醚燃料的国家自然科学基金项目"新型低排污二甲醚燃料喷雾特性和燃烧机理的研究"，对二甲醚燃料喷射过程，包括二甲醚燃料的泵端、嘴端油管压力和针阀升程、音速、闪急沸腾雾化现象和燃烧过程及二甲醚发动机的可靠性等，进行了深入、系统的研究并取得系列成果。

陕西新型燃料燃具公司与长安大学共同研制的二甲醚混合燃料，代替汽油用作汽车燃料，经台架和道路行车试验的检测，其动力性能与燃烧90号汽油相当，且燃料消耗减少4.2%~5.0%。使用二甲醚混合燃料的汽车，只需加装一套供气转换装置，就成为既能烧油又能烧气的双燃料汽车。

液化二甲醚专用钢瓶

尽管二甲醚作车用燃油性能良好，但由于目前我国还没有制定二甲醚作替代燃料的相关标准，因此不能全面推广使用。目前仅是在试验中消耗一些二甲醚，2005年消耗二甲醚约0.3万吨，2006年消耗0.6万吨。

此外，目前二甲醚作替代油品成本过高。据测算，平均1.8吨二甲醚可替代1吨柴油。以二甲醚市场售价3800元/吨（2006年年底市场均价）计算，则1.8吨二甲醚的价格为6840元，约比1吨柴油价格高2040元。二甲醚替代柴油处于价格劣势，只有当二甲醚的生产成本控制在2300元/吨，才有可能推广使用。

第五章 新能源的发展前景

## 第一节　世界各国新能源的发展

　　新能源是一种可再生的、能够重复利用、永续不尽、无害的能源。在当前可持续发展观念深入人心，成为世界发展潮流的大背景下，面对化石能源的短缺及消耗产生的污染等问题，新能源的发展具有广阔的前景。

　　全球金融危机爆发以来，新能源凭借其明确的发展前景和对经济较强的拉动作用，在诸多经济体的经济振兴计划中被置于重要位置，在世界范围内获得了快速发展，但发展新能源的路径、重点和政策存在明显不同，发展状况也呈现出较大差异性。

美国特斯拉新能源汽车

### 一、美国：推行绿色新政，引领世界新能源的发展

　　金融危机的发生，使美国政府意识到继续依靠金融业和信息产业推动经济复苏和增长的可能性不大，所以美国改变发展方向，试图通过领导一场史无前例的新能源革命，摆脱美国对石油的依赖，并将该产业作为未来实体经济发展的支撑点。

　　一是推行"绿色新政"，明确发展目标。美国在可再生能源、节能汽车、分布

式能源供应、天然气水合物、清洁煤、节能建筑、智能网络等领域探索出能够实现利益最大化的创新战略。实现刺激经济，减少温室气体排放，提高能源安全。

二是鼓励新能源相关技术的研究和应用。为此美国建立了完善的支持可再生能源发展体系。主要分为政策层面的和经济层面的。经济层面如在7870亿美元刺激经济计划中，与开发新能源相关的投资总额超过400亿美元。为了鼓励私人购买采用先进的油电混合技术的轿车，政府打算为每位购买这样一辆汽车的个人减税7000美元。

三是明确发展路径。美国的新能源战略主要分风能、太阳能、核能和生物能源，并按照成本、商业化程度和技术的掌握程度，将发展路径划分为中短期和长期两个阶段。

其中风能、太阳能和核能为中短期目标阶段。因为新能源的发展仍处于初级阶段，属于对石油、煤炭等化石能源的补充。而在新能源的技术掌握及技术成熟度上，风能、太阳能和核能是比较成熟的，市场需求也比较明朗。

生物能源是近年来新发展起来的能源技术。目前相对于风能、太阳能和核能技术还不太成熟。美国将凭借其在农业领域的竞争优势，形成以生物技术、农业和生物能源为核心的低碳经济增长，引领世界经济增长。

美国可将传统的生物质能直接转化为乙醇

目前美国新能源应用极为广泛。风能和潮汐能主要用于发电，生物质能主要用于发电、取暖和交通运输；太阳能可用来发电或加热水（如太阳能热水器）、照明、做饭以及农业生产（温室）；地热和太阳能的应用基本相似。在美国，风能是发展最快的新能源资源。2015年，美国风电新装机容量为8598兆瓦，相比2014年增幅为77%，风电占新能源总装机容量的41%。

美国生物质能利用方面处于世界领先地位。其中生物质发电方面，美国从1979年开始采用生物质燃料直接燃烧发电，生物质能发电总装机容量超过10000兆瓦，据相关报道，美国有350多座生物质发电站，主要分布在纸浆、纸产品加工厂和其他林产品加工厂。这些工厂大都位于郊区，提供了大约6.6万个工作岗位。

## 二、日本：支持可再生能源电力发展

日本是能源先天不足的国家，几乎所有能源均需进口，其中对石油的依赖程度最大。而鉴于目前核能的不可替代作用，核能依然会同化石燃料开发利用、太阳能、风能和生物质燃料等可再生自然能源以及节能作为未来日本能源政策的四大支柱。

日本的新能源汽车充电站

福岛核事故后，日本逐步减少核电比例的基本理念加快了日本政府从政策面大力引导和支持可再生能源电力发展的步伐。日本政府决定对可再生能源追加巨额投资，太阳能发电设施方面追加投资12.1万亿日元，风力发电设备追加投资10万亿日元。2012年7月1日开始，日本实施的FIT计划，就是通过让电力公司高价收购家庭和民间企业生产的可再生能源电力的方式，鼓励更多资本进入可再生能源领域，削减温室气体排放，减少对核电的依赖，从而推动可再生能源普及的步伐。

日本能源专家认为，海上风力发电与陆地相比，风向风力非常稳定，因此是一个"能够指望得上"的电源。日本政府2011年9月正式决定，在福岛县近海，建设世界首个漂浮在海面上的"浮体式"风力发电站，希望以此解决能源问题，并扩大就业，帮助灾区早日复兴。

福岛县在离海岸约40公里的地点，平均风速达到每秒7米以上，风力资源非常丰富，如果建设风力发电站，总输出功率能够达到460万千瓦。作为重建灾区的一个核心措施，日本政府准备将福岛县建成开发可再生能源的基地，并将产业技术综合研究所的一部分研究设施转移到福岛，除风力发电站外，还将在福岛县建设大型太阳能发电站。海上风力发电站包括风车、发电机、轴承等，零件数达到约2万个，涵盖广泛的企业。例如，建设和维修保养一座100万千瓦的海上风力发电站，就可以创造2.2万人的就业机会。日本政府准备通过优惠政策，吸引零件厂家到灾区生产，从而扩大就业。浮体式海上发电站是世界首创，需要应用造船技术。目前，除了挪威正在进行一座浮体式海上风车发电站的实验外，世界上还没有将浮体式海上风力发电站大规模投入生产的实例。在海上风力发电站中，还有将基座设在海底的"着床式"，但是在水深超过50米的地点，建设费用大幅增加，从经济角度来说很不合算。与欧洲不同，日本平浅的海域很少，因此让风车漂浮在海面上，利用锁链固定到海底的浮体式是普及海上风力发电的关键。

### 三、德国：完成了从概念设计到商业化开发

德国，当前可再生能源占全部能源消耗的比例超过15%，新能源企业每年产值达到250亿欧元，创造的就业岗位超过25万个。全世界每三块太阳能电池板、每两个风力发电机，就有一个来自德国。蔚然成风的新能源产业得益于德国政府在2000年4月通过的《可再生能源法》。

德国三成能源来自太阳和风

在欧盟加强发展可再生能源的大框架下，为实现欧盟2020年可再生能源满足20%能源需求的目标，德国的法定目标是到2020年可再生能源在能源消费中的比

重达到18%，其中可再生能源电力占电力需求总量的比重为35%。根据这一目标，德国联邦政府于2010年8月通过了"国家可再生能源行动计划"，提出2020年德国可再生能源的利用总量将达到3855.7万吨标油（约5500万吨标准煤），比2005年（1492.6万吨标油）增长158%。

2004年、2008年德国根据产业发展的情况，两次修订了可再生能源法，进一步强调可再生能源的经济性，明确提出要在考虑规模效应、技术进步和学习曲线等因素的影响后，逐年减少对可再生能源新建项目的上网电价补贴，促进可再生能源市场竞争能力的提高。

2012年1月1日，德国再次修改可再生能源法，提出到2020年，35%以上的电力消费必须来自可再生能源，到2030年50%以上的电力消费必须来自可再生能源，到2050年80%以上的电力消费必须来自可再生能源。

屋顶太阳能给德国居民带来丰厚收入

德国的太阳能光伏发展始于"千屋顶计划"。该计划制定于1989年，1990年实施，政府为每位安装太阳能屋顶的住户提供补贴。该计划意在获取安装太阳能设备的经验，使新住房与可再生能源发电需求兼容，并鼓励民众消费太阳能。

德国在可再生能源发展的激励政策和机制强有力的刺激下，沼气工程建设质量和工业化水平非常突出。沼气及其发电工程产业的快速发展，沼气工程数量2005年达到了3800多座（其中处理农业废弃物沼气工程约2700座），发电装机容量约970兆瓦（其中处理农业废弃物的沼气发电工程约650兆瓦）。

　　由于德国政府严格控制畜牧业与种植业的协调发展，区域性的土地资源基本能消纳所在地的沼气工程产生的沼渣、沼液。因此，处理农业废弃物的沼气及其发电工程的建设目标是以能源效益为主，工程模式比较单一，即沼气用于发电，沼气发酵后的残留物（沼液）经储肥池贮存几十天后，直接运输到田间进行喷灌。少数大型沼气工程的沼液也以还田为主，剩余的沼液实行固液分离，脱水后的沼渣制成有机固体肥料，清液按工艺要求部分循环回流入沼气池，部分经灭菌处理后用作畜舍的冲洗水或再经过深度处理后排放。

德国发展新能源补贴多

　　受法律的规范和经济利益的驱动，德国处理农业有机废弃物的沼气工程所产生的沼气98%用于发电，并实行热电联供。因此，系统工程中的资源与能源转化效率都比较高。

　　德国作为欧盟经济领头羊，历来重视新能源尤其是风能的开发和利用。是全球风能利用最成功的国家，是全球最大的风电市场之一，风电设备制造业居全球领先水平。自1998年成为世界第一风电生产大国以来，无论是年新装风机容量，还是风机装机总容量，始终保持领先地位。2014年装机容量为2.35（千兆瓦）。

　　德国首个海上风力发电场坐落在北海，由DOTI公司负责建设，DOTI是由德国E.ON、EWE和瑞典Vattenfall三家能源公司组成的合资企业。这个海上平台系统与石油钻井平台相比还有一点最大的不同是无人值守，直到并网发电开始，该平台都是无人值守的，而且在以后的运行中，平台上只部署少量的维护人员。封闭式的结构可以解决非法侵入问题，但由于国际法要求类似海上平台必须提供相应的营救通道，所以平台结构必须是开放式的。解决方案是：人员一旦出现在平台上，带运动传感器的访问安全系统和视频监控系统就会发出报警，报警通过贝加莱的X20I/O系统接收，并立即传送到中控室的Klenk管理系统进行分析，然后告知控制站点潜在的安全问题和危险情况。仅仅这样还是不够的，如果平台上供电出现问题，例如，启用了平台上的紧急发电机，甚至启用内置UPS电源，或者是与控制中心通讯出现了故障，那么平台上的现场控制器就会把相应的错误信息及时传送到陆地上的控制中心。

### 四、加拿大：发展分布式能源

加拿大是个资源丰富的国家，但也同样重视发展清洁能源和可再生能源。在新能源建设上注意发展分布式能源，鼓励农民和家庭自己投资发展新能源，从而增加电网新能源的发电比重。鼓励有条件的农民和家庭，在自己家里去建设太阳能发电装置，并与之签订为期10年的购电合同，保障无条件的高价收购所产生的电力。因此，建设家庭发电装置能够为居民的投资带来一定的经济收入。

美丽的加拿大自然风光

此外，自2007年，加拿大联邦政府宣布启动了"清洁能源科技行动计划"、"利用可再生能源供暖计划""生物能发展计划""环保汽车激励计划"等若干国家清洁能源和可再生能源发展计划。加拿大光伏太阳能电池总发电能力在2004年年底已达1.4万千瓦。风能发电装机量达167万千瓦。

加拿大在清洁能源和可再生能源领域开展了大量的研究，具有相当的基础和实力，其中部分领域居世界领先水平，但由于加拿大产业化环境因素所限等种种原因，很多加拿大的技术未能快速实现产业化。近年来，由于加拿大联邦政府执政党更换等原因，加拿大联邦政府对节能减排及发展环保技术的态度和做法有所波动。

### 五、丹麦：风电+生物质能发电

丹麦不仅拥有闻名于世的安徒生童话，它还创造了新能源发展的美丽童话。

自1992年和1997年联合国气候变化框架公约及京都议定书出台前后，丹麦就开始为建立清洁发展机制、减少温室气体排放，进一步加大了生物质能和其他清洁可再生能源的研发力度。

拥有美人鱼的小国丹麦却是风电大国

1997年，丹麦政府决定在全国挑选一个岛屿实施新能源试验，目标是用10年的时间使该岛实现百分之百的新能源自给。在其后的十年中，岛上建立了11个风机、3个秸秆燃烧供热厂和遍布各处的太阳能电池板。岛上4000人的用电、取暖完全来自于可再生能源的供应。萨姆索岛如今已是丹麦对外宣传减排的范例。而在小小的萨姆索岛之外，丹麦新能源行业的发展也始终保持着令人尊敬的速度。在政府的关注和支持下，丹麦由MWE公司率先研发秸秆生物燃烧发电技术。在一家欧洲著名能源研发企业的努力下，丹麦1988年就诞生了世界上第一座秸秆生物燃烧发电厂。在丹麦王国能源署等部门的努力下，目前丹麦已经建立了100多家秸秆发电厂，秸秆发电等可再生能源占了全国能源消费量的24%以上。曾依赖石油进口的丹麦，1974年以来GDP稳步增长，但石油年消费量比1973年下降了50%。现在，秸秆发电技术从丹麦走向了世界，被联合国列为重点推广项目。地处北欧的丹麦，木材、煤炭及其他矿物资源相对贫乏，但却拥有强大的风能，其平坦的地势及绵长的海岸线是发展风能的优势所在。

目前，风力发电大约占了丹麦电力供给的20%，并且还在稳步增长。丹麦的风力发电机也处于世界领先水平。自20世纪80年代开始，丹麦开始大力发展以风能和生物质能为主的可再生能源。如今丹麦已成为世界可再生能源领域的领跑者，其可再生能源在全国总能源消耗中所占比重逐年增加。截至2010年5月，丹麦有5052台风力涡轮机，总装机容量达3545兆瓦。据丹麦风能协会提出的到2020年的风能发展规划，风力发电占总发电量的比例应由目前的约20%提高到50%。

丹麦米德尔格伦登海上风车园（风电场）

丹麦气候和能源部曾发布研究报告称，丹麦有望在2050年彻底摆脱对煤炭、石油和天然气等化石能源的依赖。自1980年开始，丹麦根据资源优势，大力发展以风能和生物质能源为主的可再生能源。在目前世界累计安装的风电机组中，60%以上产自丹麦，占世界风机贸易近70%。丹麦大力发展分布式能源，利用生物质能源发展热电联产和集中供热。2005年，丹麦可再生能源发电比例达到30%，提前5年完成欧盟提出的2010年达到29%的目标。丹麦发展海上风电目的不仅如此，大量向海外输出海上风电技术才是其根本目的。一旦海上风电市场形成，丹麦将是最大的受益方。

## 六、西班牙：电力上网实行"双轨制"

西班牙可再生能源电力上网实行"双轨制"，维持着较为稳定的电价政策，在保证基本收益的前提下，鼓励可再生能源发电企业参与市场竞争。

1997年实施的《电力法》规定，风电场可以在固定电价和市场电价中任选其一，且每年有一次选择权。固定电价是指电网企业必须按照平均终端销售电价的90%收购风电，超过平均上网电价的部分由国家补贴；市场电价是指风电企业需要按照电力市场竞争规则，与常规发电企业一起参与竞价上网，但政府会额外提供溢价，溢价即政府补贴电价，通常为平均参考销售电价的50%。按照2007年新的《皇家法案》，2007年12月31日以后开工的风电场固定电价为7.32欧分/千瓦时，运行20年后下降到6.12欧分/千瓦时；对采用市场电价售电的风电场，风电上网的市场电价与溢价之和不能高于8.49 欧分/千瓦时，也不能低于7.13欧分/千瓦时。价格杠杆既是鼓励可再生能源发展的有力工具，也是调控其发展规模的有效手段。西班牙政府于2008年9月大幅降低了光伏发电上网电价，设定了2009~2011年每年新增50万千瓦的限制。这即使太阳能等可再生能源具有较大的市场吸引力，又将经济代价控制在一定的范围内。

西班牙最新设计无叶片风力发电机

西班牙通过建立双向约束机制的做法，兼顾了可再生能源发电企业与电网企业双方的利益。1997年实施的《电力法》设立了"双向义务"，即国家电网有义务购买被生产出来的可再生能源电量，并对风电、太阳能发电等非常规电力采取相对宽容的入网条件；另一方面，风电等可再生能源发电企业也有义务，将其供应可再生能源电力的情况通知国家电网。国家电力库系统在向各发电企业收购发电量时，要求各电网企业必须提前一天报出各个时段的上网电价以及预测的上网电量，电力库再根据第二天各时段的用电需求预测情况，决定购买哪些发电企业的电力。当风电预测值与实际值相差超过20%时，风力发电企业要向电网企业缴纳罚款。法律还要求每个风电场经营企业必须成立实时控制中心，并将实时数据传送给国家电网。"双向义务"机制既解决了风电企业发展的后顾之忧，又保证了国家电力系统的稳定运行。

西班牙采取多种软硬件建设措施，改善可再生能源入网与跨区输送，新建了大量用于调峰调频的油电和气电机组，增强电网的调度能力，尽可能多地接入风电等出力不均电力；制定了严格的风电入网标准，不仅使新安装风机采用新技术和新控制系统，也迫使老旧风机更换新控制系统，确保电网在风电大规模接入后保持安全稳定运行；提高了风电短期预测技术能力和水平，尽量减少预测误差。

# 第二节　我国新能源的发展现状

## 一、新能源发展迅猛，在多个领域已获得世界第一

中国在发展新能源领域已经取得非常大的进展，在多个领域世界排名第一。据从国家能源局获悉，截至2016年底，我国光伏发电新增装机容量3454万千瓦，累计装机容量7742万千瓦，新增和累计装机容量均为全球第一。其中，光伏电站累计装机容量6710万千瓦，分布式累计装机容量1032万千瓦。全年发电量662亿千瓦时，占我国全年总发电量的1%。

我国风电装机容量高居世界第一

2016年，光伏发电呈现出向中东部转移的趋势。全国新增光伏发电装机中，西北地区为974万千瓦，占全国的28%；西北以外地区为2480万千瓦，占全国的72%；中东部地区新增装机容量超过100万千瓦的省份达9个，其中山东322万千瓦、河南244万千瓦、安徽225万千瓦、河北203万千瓦。

分布式光伏发电装机容量发展提速，2016年新增装机容量424万千瓦，比2015年新增装机容量增长200%。中东部地区分布式光伏有较大增长，新增装机排名前5位的省份是浙江（86万千瓦）、山东（75万千瓦）、江苏（53万千瓦）、安徽（46万千瓦）和江西（31万千瓦）。

据中国风能协会发布的《2016年中国风电装机容量简报》显示，2016年中国风电新增装机量2337万千瓦，累计装机量达到1.69亿千瓦；其中海上风电新增装机59万千瓦，累计装机容量为163万千瓦。中国2016年风电新增装机容量占全球风电新增装机容量的42.7%，高居第一，排名第二的美国新增装机容量仅为8.2吉瓦。

太阳能发电站

## 二、新能源的快速发展促使能源结构不断优化

清洁低碳，已成为世界能源发展潮流。"十三五"规划纲要提出，深入推进能源革命，着力推动能源生产利用方式变革，优化能源供给结构，提高能源利用效率，建设清洁低碳、安全高效的现代能源体系。

近年来，我国着力推动能源转型取得初步成效。国家能源局数据显示，

"十二五"期间，我国以年均3.6%的能源增速保障了国民经济7.8%的增速，单位GDP能耗累计下降18.2%。在能源结构方面，水电、核电、风电、太阳能发电装机规模分别增长1.4倍、2.6倍、4倍和168倍，带动非化石能源消费比重提高了2.6个百分点。

在一系列政策影响下，清洁低碳能源体系的构建有望提速。"十三五"时期，能源消费强度预期将大幅下降。同时，在落实绿色低碳发展理念的要求下，"两升一降"趋势明显：煤炭消费比重将进一步降低，非化石能源和天然气消费比重将显著提高。油气替代煤炭、非化石能源替代化石能源的双重更替进程将加快推进。

### 三、新能源投资超常规快速增长

在政府大力发展新能源及可再生能源政策的带动下，我国新能源产业已经受到大型能源集团、民营企业、国际资本、风险投资等诸多投资者的广泛关注。2009年，中国风电新增金融投资218亿美元，同比增长27%；太阳能投资为19亿美元，同比大增97%。中国已经超过德国，成为仅次于美国的全球可再生能源投资第二大国。随着我国陆续颁布的各种新能源政策的拉动效应渐显，加大新能源发展规划中各种指标的大幅提升，未来几年会有更多的资本进入中国可再生能源市场。

中国领跑清洁能源开发

### 四、装备自主化成绩显著

我国依托重大工程开展科技创新，把重大装备自主化作为提升我国新能源产业素质和竞争力的重要环节。在太阳能领域，我国现在已经做到了拥有全球2/3的太

阳能电池板产能。其产品将阳光转化为电力的效率越来越接近于美国、德国和韩国公司生产的电池板，并且购买了全球一半的新太阳能电池板。2016年5月，我国拥有自主知识产权的三代核电技术"华龙一号"示范工程首堆福清核电5号机组开工一周年。一年以来工程建设进展顺利，设计、设备制造和建安施工等各项工作有序推进，展现着我国核电的产业实力。2017年1月16日，中车株洲电机有限公司研制的6兆瓦半直驱永磁同步风力发电机在株洲下线。这是我国自主研发的首台6兆瓦半直驱永磁风力发电机，也是目前我国功率最大的海上半直驱永磁风力发电机，技术达国际领先水平。

4号机组比翼齐飞的华龙一号

**小知识**

　　"风险投资"是20世纪六七十年代后，一些愿意以高风险换取高回报的投资人发明的，这种投资方式与以往抵押贷款的方式有本质上的不同。风险投资不需要抵押，也不需要偿还。如果投资成功，投资人将获得几倍、几十倍甚至上百倍的回报；如果失败，投进去的钱就再也无法收回。

## 第三节　我国新能源的发展趋势

从研究的角度来看，新能源的研究主要分为基础理论研究、实用技术研发、工程实用推广等。基础理论研究为新能源与可再生能源实用技术的研发奠定了基础并指明了方向，是其进入商业化应用的基石。世界各国对新能源的基础研究十分重视，我国在国家自然科学基金和"863"计划中都专门将它作为重点资助的领域，目前已解决了许多基础理论问题，但还存在一些尚未解决的难题。新能源的实用技术研发和工程实用推广主要集中在政府部门以及从事新能源与可再生能源的企业中。而新能源的商业化应用不仅取决于其技术本身，而且取决于其他相关学科技术的发展以及能源政策的扶持和激励作用。

我国最大核电项目阳江核电四号机组具备商运条件

为此，我国政府高度重视新能源的开发与研究工作，积极推进新能源产业的发展。国家制定并颁布了《中华人民共和国可再生能源法》，并在国家《"十一五"能源发展规划》中指出"推进核电建设"和"大力发展可再生能源"。2009年"两会"的政府工作报告把积极发展核电、风电、太阳能发电等清洁能源作为当年的主要任务之一。我国"十二五"规划也将突出新能源的重要地位，要求不断提高水

电、核电、风电、太阳能等清洁能源的比重，大力发展风能、太阳能、生物质能，以及清洁煤利用、核能、智能电网、新能源汽车等新兴能源科技装备技术，逐步向国外输出先进的能源技术、设备和产品，发展中国特色的新能源经济等。我国《能源发展"十三五"规划》则提出非化石能源消费比重提高到15%以上。

智能电网

新的能源体系以及由新技术支撑的能源利用方式最终会替代传统的能源利用方式。世界各国在新能源技术开发与研究方面的进步也将为我国加速发展新能源技术提供基础与机遇。要积极利用国外先进技术，多渠道地利用资金。同时，大力培养新能源产业急需人才，加大研发力度。我们应利用好新能源技术发展全球化的良好条件并抓住发展机遇，打破技术垄断、促进技术扩散，实现新能源的跨越式发展，实现保证经济可持续发展的能源战略，最终实现经济、能源、环境和生态的和谐与可持续发展。

小知识

　　智能电网是建立在集成的、高速双向通信网络的基础上，通过先进的传感和测量技术、先进的设备技术、先进的控制方法以及先进的决策支持系统技术的应用，实现电网的可靠、安全、经济、高效、环境友好和使用安全的目标。

# 第四节　新能源革命

　　新能源已经成为今后世界上的主要能源之一。在新能源家族中，目前可再生能源在一次能源中的比例总体上偏低。一方面是与不同国家的重视程度与政策有关，另一方面与可再生能源技术的成本偏高有关，尤其是技术含量较高的太阳能、生物质能、风能等。据IEA的预测研究，在未来30年可再生能源发电的成本将大幅度下降，从而增加它的竞争力。

## 一、低碳经济：第五次革命浪潮

　　在以瓦特发明蒸汽机为标志的第一次工业革命后，汽车、飞机成为主要的交通工具，煤炭、石油等化石燃料被广泛利用。继工业革命之后，世界又迎来了信息革命等一系列的重大变革。然而，这些革命都带来了温室气体的大量排放，导致全球气候变暖。为了弥补上述革命带来的缺憾，如今，一个以低能耗、低污染、低排放为基础的低碳经济时代正在到来。低碳经济被人们认为是继两次工业革命、信息革命、生物技术革命之后，第五次改变世界经济的革命浪潮。

蒸汽机已经渐渐退出历史舞台

　　高速发展的世界经济在创造巨大物质财富的同时，也使大气中包含二氧化碳在

内的温室气体的含量急剧增加。在人类社会实现工业化以前的19世纪初，大气中二氧化碳的浓度很低，而目前大气中的二氧化碳含量已达之前的两倍多。有人预测，如果人类不采取任何措施，到2050年，大气中二氧化碳含量将达到19世纪初的三倍以上。由此引起的全球变暖可能会导致温带扩大、冰川消融、海平面上升等一系列环境问题，人类生存环境面临着自我发展所带来的空前威胁。

联合国环境规划署2008年年鉴指出，一个新兴的绿色低碳经济已处于萌芽阶段，越来越多的企业和城市均表现出减少废气排放量和开放碳市场的愿望，投资者也在清洁能源和可再生能源方面投资数千亿美元，这带来的不仅仅是社会和经济方面的效益，更重要的是生态效益。

各国纷纷采取鼓励低碳能源开发和使用的政策。比如英国引入了气候变化税、碳排放贸易基金、碳信托交易基金。美国于2007年底颁布了新能源法，为其发展低碳经济提供法律保障。美国通过能源法案，对风能、太阳能、生物燃料等一系列可再生能源项目实行减免税收、提供贷款担保和经费支持等优惠政策，此外，一些欧洲国家还对汽油、化工产品等开征能源税和碳税。一些欧洲国家对燃烧会产生二氧化碳的化石燃料如汽油等，也准备开征能源税和碳税。目前，全球已经有50多家金融机构投资13万亿美元，进行低碳技术等的开发。

走低碳经济之路是人类实现可持续发展的必然选择，它需要建立低碳产业结构、调整能源结构及消费结构，需要政策法规的扶植，更需要科技创新的支撑。

鼓励低碳技术 倡导环保节能

我国发展低碳经济，需要开发产业节能新技术，努力优化工艺路线，选择节约型替代产品，并实现$CO_2$的捕集、利用及填埋。长远看来，能源开发深度和利用效率是人类文明发展水平的标志，也是始终困扰和制约社会经济发展的重要因素，需要持续的科研攻关。而资源回收利用是大幅度减少资源、能源消耗的一项有力措施。

中国对未来增长仍需强化管理。虽然人均能量使用量仍低于世界平均水平，但自2000年起中国能源消费量已翻了一番。中国已计划到2020年使单位GDP的碳排减少40%~45%，到2020年可再生能源将占总能源消费量的16%~20%，到2050年达40%~45%。

我国将继续从调整产业结构、提高能效、发展清洁及可再生能源三方面积极应对气候变化，发展低碳经济。今后我国将继续推行有利于节约资源、保护环境的生产方式、生活方式和消费模式，建立低投入、高产出、低能耗、少排放、能循环、可持续的国民经济体系，为中国发展低碳经济提供必要的政策基础和条件保障。

## 二、后石油时代

世界能源界预测，今后10年左右，尽管世界石油供应仍是充足的，但在今后20年左右的时间，全球石油产量可能开始持续下降。虽然市场力量和石油生产技术的改进可能使石油供应继续保持到21世纪末，但是石油危机的到来可能比一般人的设想早得多。2010年全球每年消耗的石油已超过$40.281 \times 10^8$吨，几乎每年增加2%。以这个数字计算，到2012年，全世界将消耗掉全部石油的一半。地球上的石油到底还能供人类用多久，这是一个有争议的问题。有专家认为地球上的石油仅够用三四十年，有专家则认为可使用一二百年。按石油探明储藏量计算，世界石油的可开采年限分别为2003年41.0年、2004年40.5年、2005年40.6年、2006年40.5年、2007年41.6年、2008年42年、2009年45.7年和2010年46.2年。中国的石油可开采年限远低于世界水平，并由2003年的19.1年减小到2004年的13.4年，2009年和2010年分别降至10.7年和9.9年。

"石油时代的终结也绝不会是因为没有石油，而是人们已经找到了更好的替代能源。"随着原有能源储备日益减少，特别是不合理地过多地使用煤炭、石油、天然气等化石能源造成了严重的环境污染，为了实现能源和环境的可持续发展，世界许多国家已将新能源作为发展的重点。

石油资源终有枯竭的一天

2003年以来，国际油价急剧上涨，标志着世界石油市场进入了一个新的阶段，也越来越深刻地影响着能源发展战略取向。回顾国际油价发展历史，石油价格大致可划分为15美元/桶以下的特低油价、15~20美元/桶的低油价、20~40美元/桶的常规油价、40~80美元/桶的高油价和80美元/桶以上的超高油价等五个区间。由于2008年第4季度开始的全球经济金融风暴，油价暂时从超高油价回复到较低位。

尽管勘探开发技术进步很快，但所探明的新的石油储量明显不足，现有石油消费量同新勘探到的石油储量的比例是4:1，石油资源的确是有限的。在21世纪，石油仍然是经济发展的主动力，但如果石油危机爆发，世界经济将面临严峻的挑战。

加速发展替代能源，以应对高油价的挑战，控制环境污染，这是人类社会持续发展必须面对的重大课题。

石油作为人类的主要能源不过一个多世纪，但是经过这一个多世纪的发展，低廉而又充足的廉价石油时代已经终结。随着国际油价的剧烈震荡，石油产量即将达到峰值状态的出现，后石油时代即将来临，因此，21世纪的石油工业又称为后石油时代的石油工业。

借用生物学的概念，我们将石油的开发生产看作与许多有生命的事物一样，经历孕育、生长、强壮、衰老、死亡的生命周期过程。后石油时代就是全球石油生命

周期中所谓的衰老和死亡阶段。

　　后石油时代是一个新的主体能源的接替时期，它将是一个相当长的时期，至少需要20~30年，甚至更长一些时间。后石油时代是新能源、可再生能源快速成长和发展时期，也是石油替代产品的培育、成长和发育时期。在后石油时代，我们一方面要从各个领域入手应对高油价和特高油价；另一方面，要大力鼓励支持新能源和可再生能源的发展以及石油替代产品的发展，从容地迎接新的主导能源时代的到来，提供新的可靠能源保障体系。

**小知识**

　　目前，世界上最大的油田是沙特阿拉伯的加瓦尔油田，其探明储量107.4亿吨，其次是科威特的大布尔干油田，探明储量达99.1亿吨，位居第三的是委内瑞拉的玻利瓦尔油田，探明储量仅为第一的一半，约52亿吨。